Nikon
镜头专业评测指南

中国民族摄影艺术出版社

图书在版编目（CIP）数据

NIKON镜头专业评测指南/《DiGi数码双周》编辑部编著.—北京：中国民族摄影艺术出版社，2010.1
ISBN 978-7-5122-0007-4

I. N… II.D… III.数字照相机：单镜头反光照相机－摄影镜头—指南 IV.TB851-62

中国版本图书馆CIP数据核字（2009）第235696号

北京市版权局著作权合同登记章图字01-2009-613号

广告经营许可证号：京东工商广字第0404号

作者：（香港）《DiGi数码双周》编辑部
责任编辑：周彧

书名：NIKON镜头专业评测指南
出版：中国民族摄影艺术出版社
社址：北京市东城区和平里北街14号国家民委新闻出版大楼
（邮编100013）
电话：8610-84250639
印刷：北京利丰雅高长城印刷有限公司
版次：2010年1月第1版第1次印刷
开本：787毫米×1092毫米 1/16
印张：8.5
印数：5000册
书号：ISBN 978-7-5122-0007-4
定价：49.00元

跨越胶片和数码的鸿沟

美兹：闪光摄影的魅力

德国制造，始终一流

数十年来，美兹闪光灯在专业闪光摄影领域一直处于领先地位，覆盖机顶闪光灯和手持闪光灯。通过采用先进的SCA系统闪光灯转接器系统，美兹产品以通用性强、使用寿命长以及品质高而广受世界各地摄影师的喜爱。

色温精准，无出其右

美兹闪光灯之所以多年来称霸2007-2008摄影附件最佳产品奖、2008 TIPA最佳附件奖、数码影像创新奖、数码PLUS X创新奖、彩色摄影奖等欧美奖项，很大程度上得益于70多年积累的开发和生产经验带来的灯光色温准确、稳定性高以及可操作性良好等一系列高技术标准，特别是其色温十分准确，并且在产品寿命期内不会有明显波动，针对对色温变化十分敏感的数码相机，美兹闪光灯自然是理想的伴侣。

兼容广泛，灵活实用

除一系列指定机型专有热靴接座的美兹闪光灯以外，美兹系统闪光灯装置拥有多种不同的热靴适配器，配用从大型手柄灯到便携式机顶灯，可适用不同厂家生产的相机系统。无论是传统胶片相机还是数码相机，同一闪光灯只须更换转接适配器，就可配用不同厂家生产的相机系统，不仅用于135机型，也兼容哈苏、禄莱、玛米亚等多种120型相机。对拥有多种机身的摄影师而言，堪称福音。

美兹创意，把握未来

通过首创的内置USB接口，美兹闪光灯系统装置未来可不断升级，充分发挥各种功能，确保摄影师的投资长期有效。

美兹手柄灯和58/54系统数码闪光灯装备了独自创新的一机双灯技术。其高性能电源管理、多区域AF闪光测定、可全面旋转的反射系统以及同时拥有的主动和无线TTL从动闪光，充分匹配所有当今市场上135和120主流相机的系统闪光灯模式。熟练而有效地使用美兹闪光灯，有助于您进一步发挥摄影技巧，尽享无穷摄影乐趣。

1. SCA转接器细部。通过这种SCA转接器，不同品牌的机身可以共用一台闪光灯，而且保证功能得以完全的发挥，对摄影者而言无异于福音。
2. USB接口。通过USB接口，用户可以不断地升级闪光灯的固件，确保所购买的闪光灯“永葆青春”，时时发挥最佳效能。
3. 使用和不使用闪光灯拍摄效果对比。数码相机时代并不排斥闪光灯，调整感光度并不能替代闪光灯，一只高质量的闪光灯可以带来更多的细节和层次，减少噪点，提升画面品质。
4. 新闻记者和狗仔队都将一只专业闪光灯作为标准配备。没有闪光灯凝固动态，就没有养家糊口的薪水。
5. 数码相机对闪光灯色温尤其敏感，而源自德国工业成就的美兹闪光灯恰恰以色温精准而持久著称。

5

1

2

3

4

获取更多信息可致电：
400—888—3600

Preface

2009年，是Nikon用户应好好庆祝的一年，因其数码影像科技有着重要的突破，在135感光元件的像素总值上，终于凭D3X攀上了世界最高的2,450万像素领域。自1999年D1的推出，便打开了Nikon的D-SLR系列的序幕，之后不断有新型号推出，令“Nikon人”愈来愈多。初期的DX规格机身令全部Nikkor镜头面对焦距增加1.5倍，每次拍摄其实都“用不尽”镜头的实力。Nikon很快亦为DX机身，制作一支支专用的DX镜头，把质量和成本集中，又推出一支支出色的DX超广角镜，例如AF DX 10.5mm f/2.8G fisheye和AF-S DX 12-24mm f/4G等，填补了D-SLR用户对超广角镜头的需求。

虽然DX镜头提供了既便宜又高质量的选择，但对于最高端的Nikon用户，全画幅系统才是真正目标。苦等多时，2007年的D3终于登场。质量之高有目共睹，而且相伴推出的，还有多支能完全发挥全画幅效果的镜头，例如AF-S 14-24mm f/2.8G和PC-E 24mm f/3.5D等，都是在FX格式上有特别优秀表现的镜头。2009年，惊世之作D3X也都登场了。面对2,450万像素的高解像力需求，不少旧款全画幅镜都需要退位让贤，AF-S 50mm f/1.4G及“小黑6”AF-S 70-200mm f/2.8G VR II就是这样逐一上场。

不少读者和网友都期待新镜的推出，看看会否有新功能、新景象，为了给新和旧用户清楚手上持有的镜头型号和在商品架上的新版镜头型号的差别，由《DiGi数码双周》专业级编辑部成员合力编著的此书，正是各位想购卖新镜的Nikon人，不可或缺的专门书目。

DiGi
编辑部

Chloe

Felix

Jason

Sam

Stephen

Vic

Timothy

致力于营造最具亲和力和活力的摄影爱好者社区和中国摄影人博客家园。
中国摄影人
网上家园
网址：HTTP:// WWW.PHOTOFANS.CN
佳友在线
中国尼康用户群活跃社区
您在注册后即获得Photoblog.cn个人域名
您在注册后即获得"摄友通"即时通信软件帐号
您在注册后即获得500M相册空间，升级VIP更可享受无限量空间
《冬脊》作者：吴家凯

苏州平江路 拍摄时间：2008年11月 摄影器材：尼康D200 摄影师：程原津

拍摄手记：

江南的深秋，别有一番生机盎然的韵味。暖暖的光投在此岸的粉墙黛瓦与彼岸的小桌矮几之上，便有了一份宁静与绚烂的奇妙对比，一种历史与时尚的交相辉映。

水与光的灵动，闪耀在历经千年的平江路上，有许多故事，却不诉说，只是悄然一笑。这，就是江南；这，才是真正的苏州。

31

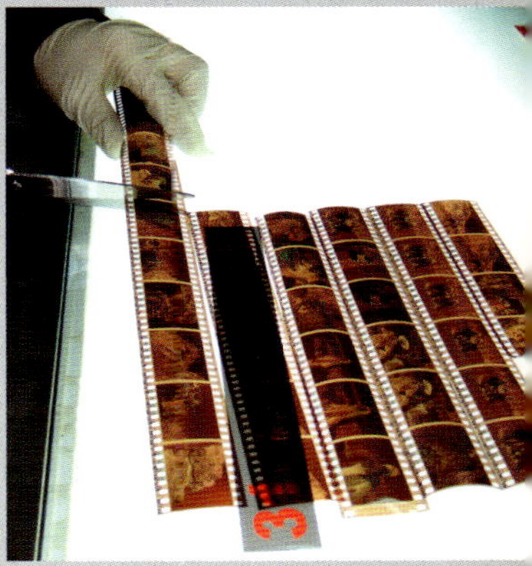

- ILFOCHROME CLASSIC（CIBA）西霸彩色反转直放
- ILFOCHROME （CIBACHROME）彩色负片水晶胶片像纸直放
- 专业 E-6、C-41 吊挂冲洗胶片
- 日本 FC FP-201D 全自动B/W冲卷机
- 国内仅此一家获得依尔福认证，中国地区特约制作中心。

公司简介

成都叁壹影像有限公司成立于2006年3月，是目前国内仅此一家运用传统暗房工艺制作图片的专业公司，同时也是国内仅此一家会员制管理模式公司。公司从意大利引进了“TECNOLAB”专业吊挂冲洗机，冲洗C-41工艺的彩色负片胶卷和E-6工艺的彩色反转胶卷；从日本引进了FC FP-210D全自动、带压缩机制冷的高精度传统工艺黑白冲卷机（国内唯一一台）冲洗银盐黑白胶卷；使用美国 X-RITE 820 专业密度仪，进行冲洗药水的品质控制；并选用意大利DUST 专业放大机、Kodak Creo IQ Smart 专业底片扫描仪、苹果工作站色彩管理系统、HP专业影像微喷打印机，结合国外专业图片制作公司的管理模式和工艺流程冲洗、制作、扫描、微喷图片。

中国　成都　叁壹影像

网址：www.31professional.com.cn

电话：028-8674 0111

镜头评测报告

定焦镜头系列

变焦镜头系列

Contents

认识镜头分类第一步

我究竟需要购买什么镜头呢？

由你手上拥有第一部Nikon D-SLR开始，这问题就会开始困扰你，令你心绪不宁，无法入睡，“毒瘾”加深的话，更会随时走火入魔，当场暴毙！当然，上述只不过是夸张的说法，不过当大家的头脑冷静下来后，也是时候需要扪心自问：“我究竟需要一支怎样的镜头呢？”如果你是刚入Nikon D-SLR门下的话，面对Nikon众多镜头的确是难以选择，现在倒不如从基础出发，先概括了解镜头的分类及特性，为你选购下一支镜头做好准备。

镜头简单分类法

由于50mm焦距在135画幅系统中是最接近人眼视角的镜头，透视感及压缩感都与亲看十分相似，加上光学结构比较简单，制造成本相对较低，几乎是每个摄影人都会拥有的镜头。焦距短于50mm的，例如24-35mm，我们统称为广角镜头。这类镜头可以涵盖更多画面，透视感也较强，最适合一般风景或团体照用途；而至于焦距在20mm或以下，它们便属于超广角镜头，相片的空间宏伟感十分强，焦距只要有1mm的改动，视角和透视感都有截然不同的效果。另一方面，当镜头焦距大于50mm时，可因应它们的焦段，再将之细分为中距远摄（85-135mm）、远摄（135-300mm）与及超远摄镜头（400mm或以上），由于此类镜头的压缩感较强，就算光圈稍为小一点，都可以做到主体跟背景完全分离的效果，它们一般会用在人像拍摄、花卉、生态或体育等题材。

你要知！！

买定焦镜，还是变焦镜好？

很头痛吧！我便分享一点个人经验吧。变焦镜因为能自由转变焦距，所以在拍摄距离弹性上比定焦镜大，不过一般定焦镜都有大光圈的优势，在光线不足的环境能够引入较多光线进入镜头，提升快门速度而减少相片松朦的机会。定焦镜及变焦镜其实能互补长短，买镜头前先看看自己平日的拍摄习惯，再针对日后的拍法，可能两者会同时配备吧！

超广角焦距

超辽阔风景、全体照

广角焦距

一般风景、全体照

标准焦距

人像、抓拍

远摄焦距

人像、花卉、昆虫

超远摄焦距

鸟类、赛车、运动

镜头基本规格解说

镜头规格可以帮助我们进一步了解每支镜头的特性，用户亦可透过官方提供的光学结构图，得悉镜头的“用料”情况。不过，由于它们的专有名词众多，对于新手来说，可能在一时三刻不能完全看懂，以下就简单地为大家解释一下镜头的各种基本规格。

▲DX数码专用设计的AF-S DX Zoom-Nikkor 17-55mm f/2.8G IF-ED镜头规格表。

▲全片幅设计的AF-S Zoom-Nikkor 70-200mm f/2.8G VR IF-ED镜头规格表。

焦距

这是指“镜头”的物理焦距，由于Nikon大部分D-SLR都是APS-C画幅的DX机身，感光元件面积只有全画幅感光元件的40%，所以会有1.5X的焦距增长情况，当镜头在接上DX D-SLR使用时，我们便需要乘上上述焦距转换率。当“镜头焦距”经过焦距转换后，我们这里（此书）会称之为“相对焦距”。

对角线视角

对角线视角是指影像投射在镜头影像圈（Image Circle）上的最大可视夹角，由于影像圈最长的距离（即是影像圈本身的直径）刚好是相片的对角距离，故此我们将对角线视角来看一支镜头的覆盖范围，一般来说，广角镜头有较大的可视角度，其次是标准镜头及远摄镜头，而鱼眼镜头就更有180°的对角线视角。

光圈叶片数目

光圈叶片能控制光圈大小，操控镜头的入光量，当中更有圆形光圈叶片及多边形光圈叶片之分，圆形光圈叶片的散景光点更为圆滑而不起角，令中值光圈的景深更美丽。此外，相片散景中所形成的光芒数目，也是由光圈叶片数目决定，当光圈叶片的数目为双数时，光芒的数目会跟光圈叶片相同，反之当镜头只采用单数的光圈叶片，光芒的数目就会是光圈叶片数目的2倍。

镜片结构

意思是镜片的组成分布，一般以“群／组”或“片”来称呼，虽然镜片是一片片的，但往往会因光学设计方面，而将极小部分镜片以粘合剂合成一个组合，就成为“组”了。部分镜头会因其光学需要或档次而加入不少拥有特殊功能的镜片，例如非球面镜片、ED镜片、Super ED镜片等。

光圈值

规格表上一般都会分别列出镜头的最大光圈值及最小光圈值，令大家了解在拍摄时可以使用的光圈范围。

最近对焦距离

D-SLR的“最近对焦距离”是指由感光元件平面至被摄物之间的最短对焦距离，在你的相机机顶，其实可以找到一个貌似“一串鱼旦”的图示，它就是标志胶卷或感光元件的所在之处了。

影像放大率

是指拍出来的影像在感光元件上的尺寸与实物原来大小的分别，通常以倍率（例如0.25X）表示。通常来说，标准变焦镜头都有较高的放大率，反之超远摄及超广角的放大能力一般较低。

滤镜尺寸

镜头一般都可在前方装上如UV、C-PL或ND等不同功能的滤镜，并会以mm为直径单位表示。不过要留意不是所有镜头都可在镜头前方装上滤镜，需要以明胶滤镜（Gelatin Filter）或后插式滤镜（Drop-in Filter）代替，它们多数会出现在鱼眼镜头、超广角镜头与及大口径超远摄镜头身上。

对应卡口

Nikon D-SLR相机使用的卡口，只有F卡口一种。如果是设计给DX机身使用的镜头，Nikon会标明是DX系列，保证不会混淆。

Nikon F卡口镜头历史发展

Nikon F卡口的应用可以由1959年机械式全动的Ai系列，沿用至现在搭载SWM超声波马达的AF-S系列及APS画幅专用的DX系列镜头，历久不变。每代镜头的变化主要为三大方向进行，包括拍摄操作、光学构造及辅助功能等。以下的F卡口发展史简介，可能让你有更多资料，对Nikon F卡口未来的发展路向加以推敲。

第一代自动对焦镜头（1983年）

从1959年至1979年服役的“大F”（Nikon F）期间，Nikon所推出的Nikkor Ai镜头都是为手动对焦的Nikon机械相机打造。直至1983年Nikon F3AF的出现，头两支自动对焦镜头应运而生，包括Ai AF Nikkor ED 200mm f/3.5S及 Ai AF Nikkor 80mm f/2.8S，虽然它们同是头两支内置马达的Nikkor自动对焦镜头，可惜当时它们的对焦能力，却不为大众所接受。

▲Ai AF Nikkor 80mm f/2.8S

VR防手震技术（2000年）

2000年1月，Nikon F卡口的技术又向前迈进了一大步，VR（Vibration Reduction）防震技术能够让用户在比安全快门慢三级情况下，不必依靠三脚架，依然可手持拍摄清晰影像。镜头中的VR组件，会自动侦测来自不同方向的震动，以一组浮动镜片作出反方向的调整，修正模糊的影像。Nikon第一支VR镜头是Nikkor AF VR 80-400mm f/4.5-5.6D ED，而2005年Nikon就推出更强的VR II技术，拥有四级快门速度的补偿能力，进一步将镜身防震推至巅峰。

▲Nikkor AF VR 80-400mm f/4.5-5.6D ED为第一支VR镜头。

进入数码时代的DX镜头（2003年）

于2003年发表的DX镜头，是专门为Nikon的APS画幅D-SLR而设计，由于镜头只能覆盖APS-C格式（24 x 16mm），如果将DX镜头接上FX全画幅机身之上，就会出现大面积及严重的黑角情况。所有DX镜头都被设计为没有光圈环，俗称“G镜”的电子全自动镜头。

▲VR镜头马达。

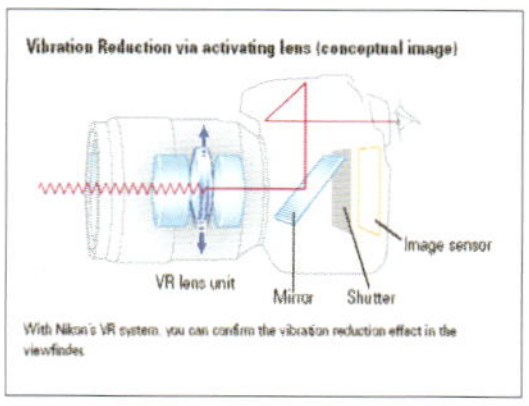

▲VR镜头工作之原理。

Nikon的非球面镜片

非球面镜片的应用，Nikon已经广泛使用在他们的产品之上。其实非球面镜片的作用，是用来抵销球面镜片所形成的像差，球面镜片的光线折射率会影响镜头的成像质量。如制作同一效果的变焦镜头，非球面镜片可减少使用球面镜片的元件数量，藉此令镜头的体积和重量大幅降低。此外，非球面镜片能有效校正广角镜头的变形现象。

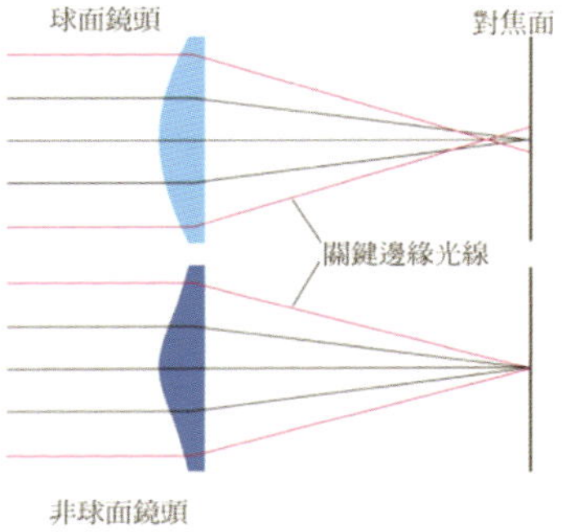

▲球面镜片与非球面镜片之分别

非球面镜片之制作技术

Nikon自行研发的非球面镜片制作技术，主要朝着三种技术发展。

第一，高精度卧轴研磨（High-Prescison Grinding），这项技术以研磨为主，制作过程是以磨石高速打磨球面镜片的表面，使用Nikon研发的纳米打磨技术令球面镜片呈抛物线形状，这种技术多使用于较为高端的产品。

第二，高精度玻璃铸模Precision Glass Mold（PGM），这种技术是以高温将光学镜片软化，再以铸模将镜片定形，而这种镜片也广泛使用在镜头之中。

第三，塑胶混合镜片PAG（Plastic on Aspherical Glass）Hybrid lenses，顾名思义，这镜片的部分物料来自塑胶，制作时以球面镜片，将合成树脂置在镜片与模具之间，再以UV紫外线将其合成为纤维混合镜片，这种技术的好处是价廉物美，而这类非球面镜片多使用于低端镜头内。

三种非球面镜制作方法

高精度卧轴研磨

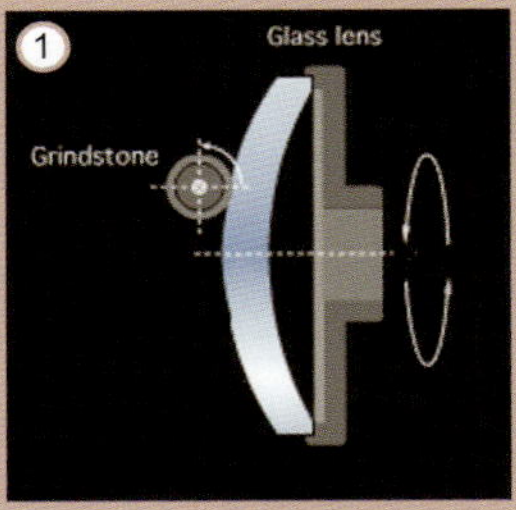

▲利用高精度卧轴研磨。

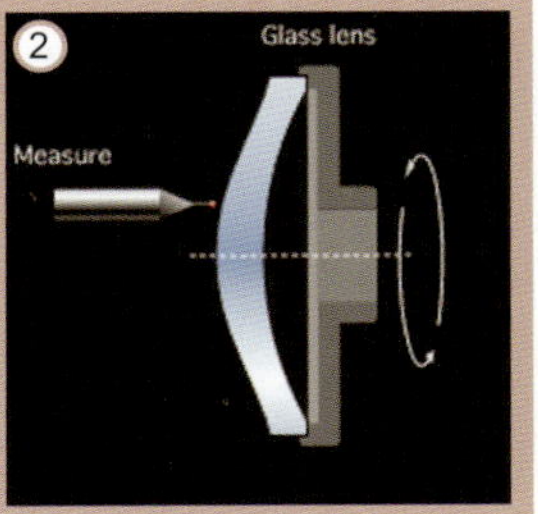

▲利用探测预估研磨效果。

高精度玻璃倒模

▲利用高温将光学镜片软化。

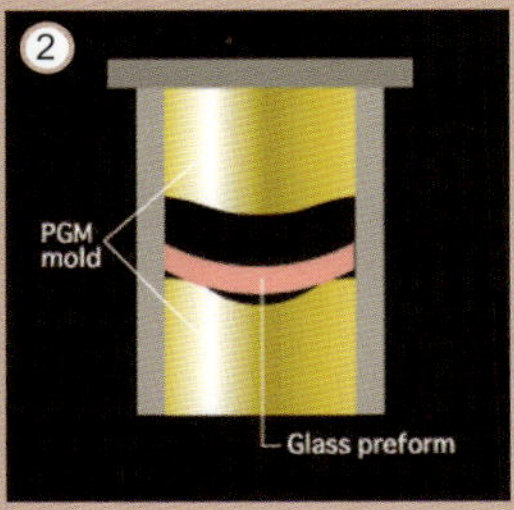

▲使用倒模将玻璃压成非球面形状。

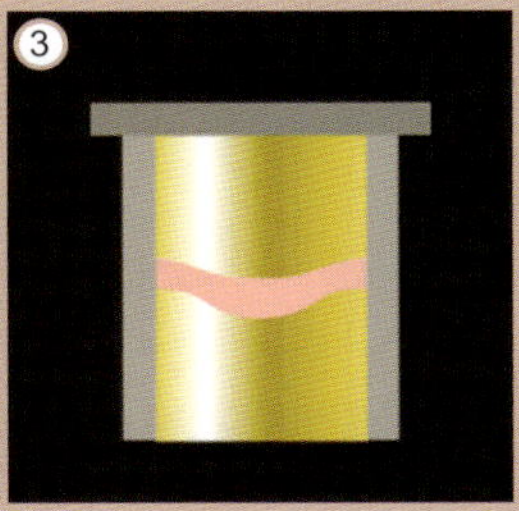

▲成形后加上一层抗热物料。

塑胶混合镜片

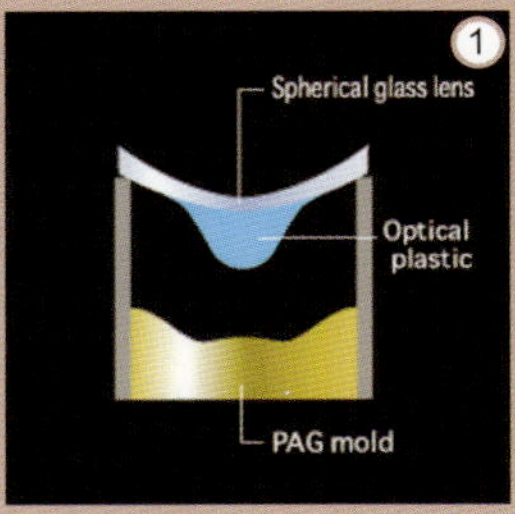

▲在球面镜片上加上UV弯曲合成树脂。

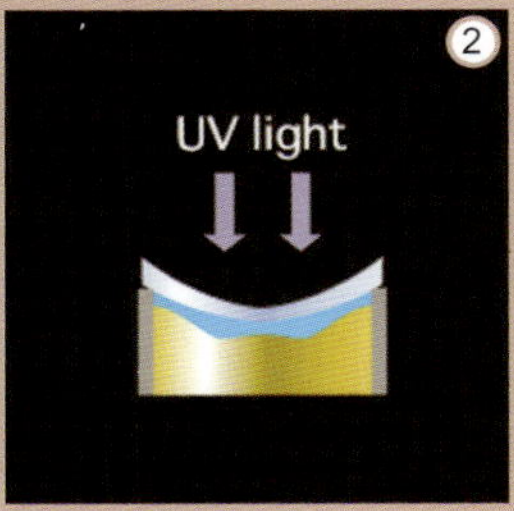

▲倒模后压UV放射线造型。

▲混合成塑胶混合镜片。

不让萤石镜片专美的ED镜片（1972年）

1972年，Nikon推出了ED（Extra-low Dispersion）镜片的镜头，第一支装有ED镜片的镜头为Nikkor 300mm f/2.8 ED。ED镜片的价格较为便宜，此项技术往后更应用于天文望远镜及一般望远镜之中，Nikon随后开放技术，让其他厂商也生产同类镜片，使现在的相机产品，广泛地使用起来。

Nikon镜头技术解剖

在决定购入哪一支Nikon镜头之前，建议最好先了解一下Nikon自家研发的镜头技术，从而清楚每一支镜头的特性。其实Nikon自1933年开始便以Nikkor（尼克尔）名字生产镜头，直到现在已有七十多年历史，当中研发了不少独门技术，例如非球面镜头（Aspherical）、超低色散镜片（Extra-low Dispersion）、浮动镜片（Close-Range Correction System）等。这些技术依然使用在现役的大部分镜头之上，而它们均会以不同的简写标记来告知用户，下面就为大家介绍这些技术的特征及简写标记。

SIC（Super Integrated Coating）

SIC全写为Super Integrated Coating，它应用在Nikon每一支镜头上，主要作用是降低镜筒内由镜片互相反射所造成的光斑现象，以及令相片的颜色更加贴近原色，而SIC镀一般是呈现暗红色及青色。每支Nikon镜头上的SIC都经过精心计量，不同的镜头种类、镜片组合，其SIC的厚度也会不同，确保镀膜能令镜头发挥到最佳的表现。

ED（Extra-low Dispersion）

Nikon驰名的ED镀膜最早于1972年时已应用在Nikkor 300mm f/2.8ED之上，ED镀膜能够减低因不同波长的光线通过镜片时所形成的色散。过往厂商们都选择以萤石镜片来解决出现的色散问题，然而萤石镜片却很容易受气温改变而导致变质，对焦点造成影响，这令Nikon的工程师转向研发ED镀膜。经多年开发ED镀膜的经验累积，Nikon ED镀膜能有效令相片更为锐利，而在高反差边缘位置出现的色散情况亦因而减少。

Micro Vs Macro？

Nikon在微距镜头与普通附有近摄功能的镜头之间，在名称上算是阐述得相当清楚的一间厂商。其他厂商大都以Macro统称微距，然而Nikon把专门的微距镜头定名为Micro，一般如变焦镜所附带的近摄功能，则只称作Macro，因此用户便可轻易分得出那些是专业用的微距镜头了。

ASP（Aspherical Lens）

Nikon在1968年推出了非球面镜组，主要应用在广角镜头之上，目的在于减低相片的变形度，使相片的边缘更为锐利。此外，非球面镜片能够令镜组的体积得以缩小，让整支镜头的体积亦能减少。Nikon透过三种技术去制造非球面镜片，首先是“高精度卧轴研磨”（High-Precision Grinding），单从名字中也可估到这类非球面镜片主要是透过打磨而出的，然而由于这种非球面镜片的制作成本相当之高，因此只会应用在顶级的镜头之中，如AF Nikkor 28mm f/1.4D等。其次是“高精度玻璃倒模”（Precision Glass Mold），这种技术主要是透过机器把一块光学镜片利用高热把它软化，再压制成型。最后便是“塑胶混合镜片”（PAG Hybr d Lenses），是把一片UV弯曲合成树脂（UV-curable Resin）透过紫外线软化胶片，让其粘在光学镜片之上，由于其制作成本较轻，因而成为入门广角镜头必备的镜片之一。

CRC（Close-Range Correction）

CRC的全写是Close-Range Correction System，即浮动镜组系统。以往的广角镜头在近摄时成像较差，但透过这个活动的镜组，无论是无限远、抑或在近摄时成像的表现也能够提高。

D

D镜是能够提供距离资料与相机测光表及闪灯系统的镜头，这系列的镜头随着1992年推出的Nikon F90而相继投产。这全因为F90内有革命性的立体均衡测光系统（3D Matrix Metering）及立体多感应器均衡补光系统（3D Multi-Sensor Balanced Fill-Flash），这两个系统均需要多项因素作为决定曝光值及补光量的依据，当中一项重要元素便是距离资料了。有了D镜提供距离资料后，令相机的曝光及补光系统都更为准确。

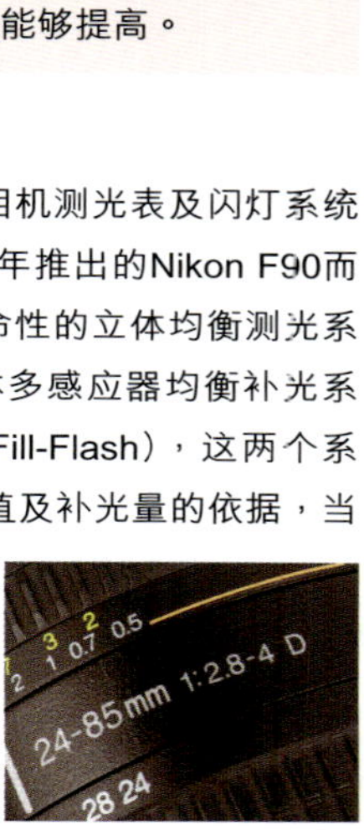

G

G镜是取消了光圈环的D型镜头，同样能提供距离资料给相机测光及闪灯系统。G镜取消光圈环主要是降低成本的决定，由于现时大部分的用户都是使用电子机身，如Nikon D70s或F80等，而甚少使用手动机身，因此Nikon便取消了专为手动机身而设的光圈环，降低成本以增强镜头的竞争力。

NC（Nano Crystal Coat）

NC纳米结晶镀膜，是指在极微细范围的镜片表面（Nanometer即是十亿分之一米）上形成一个多孔和较不密集的多层镀膜结构，提供更低的折射率。当光线进入镜头，减少镜片与镜片之间发生内的反射现象，尤其在D-SLR的电子感光元件拥有特别强反光表面的情况，NC镀膜令“鬼影（Ghost）”和“眩光（Flare）”的出现程度更轻。

▲左为多块NC镜片下的感光元件；右为一般镀膜镜片下的情况。

RF（Rear Focusing）

后组对焦与内置对焦的原理相若，目的也在提高自动对焦的速度。然而，其负责对焦的镜组设在镜头的最后方，目的在于令对焦系统操作时更快更畅顺。同样地，由于在对焦时镜筒不会转动，因此在使用偏光镜时亦相当便捷。

SWM（Slient Wave Motor）

SWM是Slient Wave Motor的简写，意即宁静波动马达。这个称号或许令人感到陌生，但其实它便是我们平常所见到的AF-S。透过镜头内宁静波动马达既可让对焦速度提高，亦可达到无声对焦。随着Nikon在宁静波动马达的技术不断提升，成本逐渐下降，Nikon亦陆续推出多款入门级的AF-S镜头，相信这是Nikon用户最为乐意看见的。

▲AF-S的镜头卡口明显有较多的金属传输点。

DC（Defocus-image Control）

这个名称或许让人们感到混淆，DC难免就是与数码有关的产品。其实DC镜头是Nikon独有的可移动景深的人像镜头。透过DC镜头，用户可以把景深的边缘调至主体的前方或后方，令主体保持在焦点之余，也可改变前后景的清晰程度。DC镜的可贵之处在于主体能够仍然保持清晰，而有别于其他厂商的人像镜般以加柔的形式把整个画面模糊。

▲透过转盘，用户可轻易改变镜头的景深。

DX

DX镜头是Nikon真正为数码相机而设计的镜头，它以APS感光元件作为镜头成像圈的设计，因此比起一般35mm的镜头，DX镜头的体积可以更为小巧轻盈。当然镜片体积减少，成本亦自然减轻，因此DX镜头的价格也变得相宜了。

VR（Vibration Reduction）

这是Nikon的防手震系统，全写为Vibration Reduction。它能够减低约三级快门速度，却仍能保持清晰的影像。这项技术特别适用于弱光及长焦距的镜头上。不过随着Nikon进一步掌握相关的技术，在DX AF-S Nikkor 18-200mm f/3.5-5.6G IF-ED VR中，更配置有VR II的防手震系统，能够做到减低四级安全快门下仍能保持清晰的影像。

专业镜头测试方法大解说

解像度测试

测试解说

测试要求

· 测试结果以电脑软件分析不同设定下拍摄ISO12233解像度测试图的影像文件，所得分数愈高为愈好。

测试工具

· 指定机身和镜头
· ISO12233解像度测试图
· 三脚架
· 手持外置式测光表
· 标准灰卡
· Imatest电脑软件

测试方法

· 使用三脚架，开启2秒自拍计时器及反光镜预先锁定功能（如有）
· 架设人造光效，运用手持外置式测光表让ISO12233解像度测试图得到平均光度照明
· 使用A光圈先决模式分别以不同的光圈值拍摄ISO12233解像度测试图的规定范围
· 关闭自动感光度功能，手动设定最低感光度
· 关闭任何防手震功能
· 选用JPEG格式储存，每张JPEG以机身最高解像度的最高质量格式记录
· 预设的影像效果
· 使用手动自定义白平衡模式，以标准灰卡为标准
· 中央偏重测光模式
· 关闭自动曝光补偿功能（即设定为±0EV）
· 把影像文件导入Imatest软件，分别向中央和边缘位置进行SFR（Spatial Frequency Response）项目运算，并以MTF50分析，然后计算解像度得分，单位为LW/PH。

解像度得分变化因素

高< ....SFR得分成积 ....> 低
大< ....感光元件画幅尺寸 ....> 小
高< ....感光元件的像素总值 ....> 低
小< ......拍摄ISO 12233解像度测试图范围 ......> 大
高< ....相片效果系统的锐度参数设定 ....> 低
高< ....相片效果系统的对比度参数设定 ....> 低

▲测试现场实例

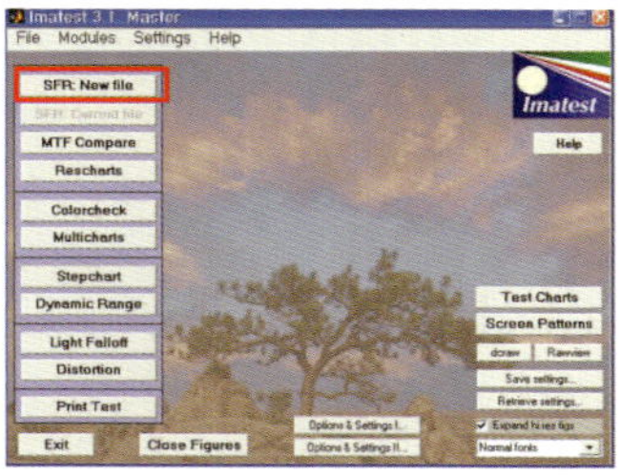

▲测试使用电脑软件Imatest v3.1 Master做数据分析，测试项目为“Light Falloff”。

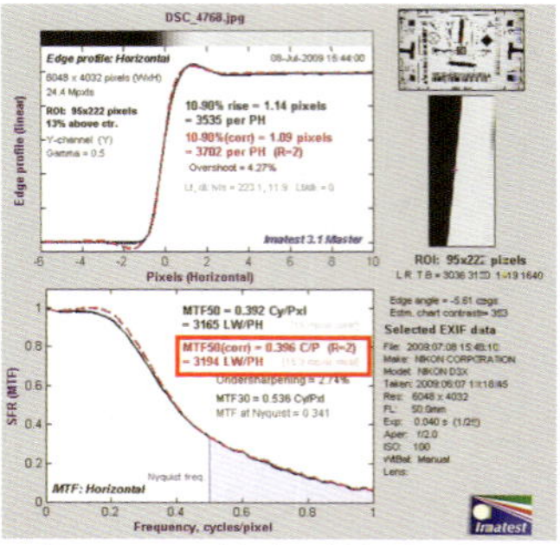

▲经Imatest分析后，所得的影像解像度得分图，我们收集不同光圈和不同位置的得分。

四角失光测试

测试解说

测试要求

· 测试结果以电脑软件分析不同设定下拍摄全白范围的影像文件，所得的失光级数愈低为愈好。

测试工具

· 指定机身和镜头
· 全白无绉不反光卡纸
· 三脚架
· 手持外置式测光表
· Imatest电脑软件

测试方法

· 使用三脚架让镜头离开测试白卡约1米
· 开启2秒自拍计时器及反光镜预先锁定功能（如有）
· 架设人造光效，运用手持外置式测光表让白卡得到平均统一的亮度照明
· 使用A光圈先决模式分别以不同的光圈值拍摄白卡的规定范围
· 关闭自动感光度功能，手动设定最低感光度
· 关闭自动四角失光抑制或补偿功能（如有）
· 关闭自动对焦功能，把焦点手动设定至无限远
· 选用JPEG格式储存，每张JPEG以机身最高解像度的最高质量格式记录
· 预设的影像效果
· 使用手动自定义白平衡模式，以白卡为标准
· 中央重点测光模式
· 开启自动曝光补偿功能，设定为＋1EV
· 把影像文件导入Imatest软件，分别向中央和边缘位置进行“Light Falloff”项目运算，然后计算四角的平均失光级数和最高失光级数，单位为EV（或级，即Stop）。

▲测试现场实况例子

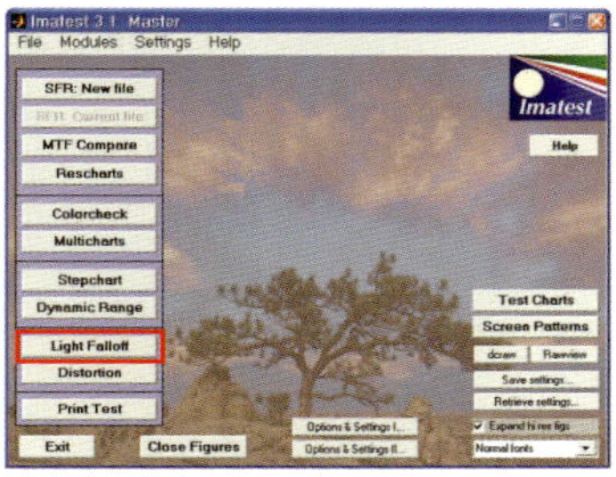

▲测试使用电脑软件Imatest v3.1 Master做数据分析，测试项目为“Light Falloff”。

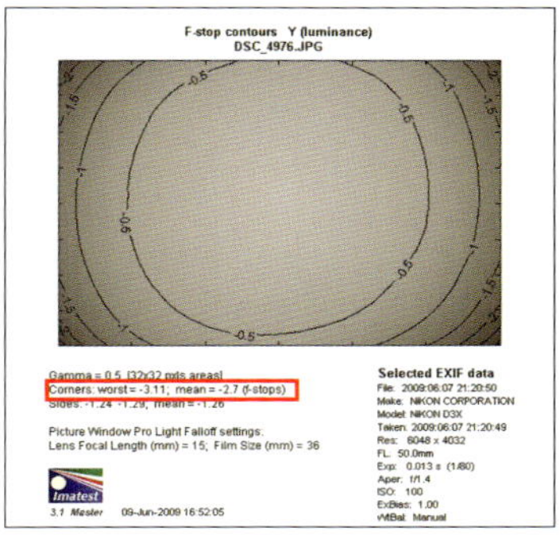

▲经Imatest分析后，所得的影像角位失光程度，除了平均失光数值外，还有最高程度显示，失光单位以光圈级数Stop代表。

四角失光变化因素

高 < ....失光级数 ....> 低
大 < ....光圈级数 ....> 小
小 < ....镜头成像圈大于感光元件面积的相差 ....> 大
低 < ....机身角位失光抑制功能启动程度 ....> 高
高 < ....相片效果系统的对比度参数设定 ....> 低

变形控制测试

测试解说

测试要求

· 测试结果影像中显示的线条变形程度愈低为愈好。

测试工具

· 指定机身和镜头
· 《DiGi》特制变形控制测试图
· 三脚架

测试方法

· 使用三脚架，开启2秒自拍计时器及反光镜预先锁定功能（如有）
· 架设平均柔和的人造光效
· 使用A光圈先决模式锁定f/11光圈
· 关闭自动感光度功能，手动设定最低感光度
· 选用JPEG格式储存，每张JPEG以机身最高解像度的最高质量格式记录
· 预设的影像效果
· 使用自动白平衡AWB模式
· 平均测光模式
· 开启自动曝光补偿功能，设定为＋1EV

◀测试现场实况例子

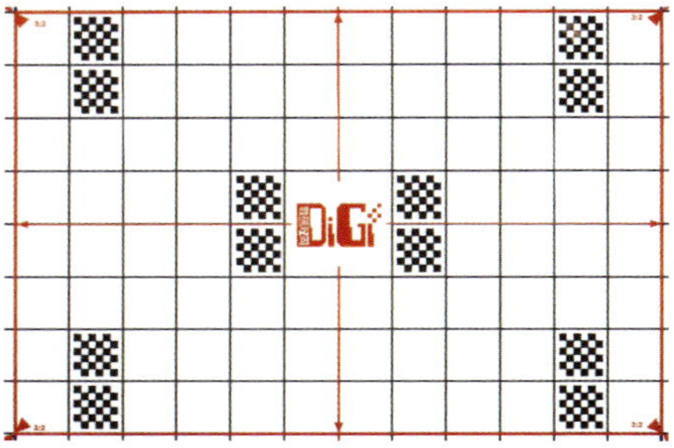

◀测试用《DiGi》特制变形控制测试图，使用不同的焦距拍摄符合感光元件尺寸的范围。

Nikkor

镜头评测报告

全画幅超广角镜王
Ai AF Nikkor ED 14mm f/2.8D

参考售价：11,200元

*资料由锐意于2009年12月15日提供

合适拍摄题材
· 风景
· 建筑
· 楼盘广告
· 新闻报道

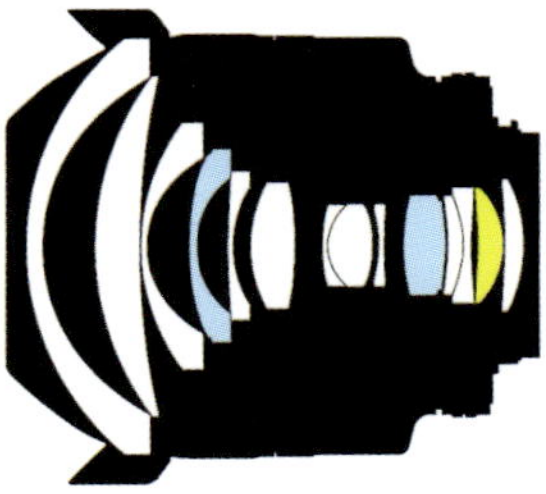

▲镜片结构：12组14片（2片非球面、1片ED透镜）

视角最广

撇除鱼眼镜头，Nikon的超广角镜头历史可追溯至1970年公布的Nikkor 15mm f/5.6，不过该支镜头直至1973年才正式推出市场。在1975年，Nikon引领超广角镜头制造技术进入另外一个新高峰——推出涵盖角度高达118°的Nikkor 13mm f/5.6，它也是Nikon至今仍是最宽阔视角的全画幅镜头。随后在1979年推出较大光圈的Nikkor 15mm f/3.5（在1982年推出Ai-S版本），不过自此Nikon的超广角镜头研发进展便停滞不前。直至2000年才把这支AF Nikkor 14mm f/2.8D ED推出市场。大概因为仍然沿用传统的F卡口，令厂方无需急于把较少用户选购的超广角镜头实现全电子自动化。加上超广角镜头拥有的特长景深性质，不是100%"中焦"，也可依靠长景深补救。

▲除了在机身更改AF或MF功能外，在镜身上设有切换环，一扭就可转换AF开关。

金圈地位

此AF 14mm镜最适合配搭FX机身使用，皆因在DX格式的"半格画幅"上使用，镜头焦距便需折换为1.5倍。虽然加大了仍然有21mm效果，亦会比一般的DX镜有较优质的效果。但若追求最好器材方案，还是FX机身才是此镜的最佳拍档。此镜的做工和外型极之完美扎实，金属外壳配以代表顶级质量的金环，为它的身价带来一份专业感和高尚层次。而它所拥有的绝佳变形控制能力，即使在画面边角的线条也只有极轻微的变形，实属难得。加上拥有不俗的镜头解像力，使其成为Nikon镜系列中一支"镇山之宝"。唯一的不满可能只是它的皮质前盖或多或少令人微辞。在每次解开或套回，都需要花上一些时间，单手去做更不是人人可以，令拍摄带来点不便，要是它能改配金属或硬胶镜头盖那就更好了。

▲由于前镜片呈半球型而且分外突出，所以不可以在前方加装滤镜，而需要用上镜尾装上明胶片滤镜。

拓展阅读

广角镜中光圈之最？

14mm f/2.8镜头是Nikon众多超广角镜头中拥有最大的光圈值，仅随其后的便是15mm f/3.5及13mm f/5.6。

Ai AF Nikkor ED 14mm f/2.8D质量测试

SFR解像度测试

测试下，由f/5.6光圈开始，镜头的解像力都有平均且上佳的表现。在f/8后，中央位置更录得最高的分数。至于边缘位置表现只是一般，就算是把光圈收小，平均只有约1500LW/PH的分数。

	f/2.8	f/4	f/5.6	f/8	f/11	f/16
中央	977.8LW/PH	1475LW/PH	1695LW/PH	1786LW/PH	1757LW/PH	1673LW/PH
边缘	578.9LW/PH	1223LW/PH	1532LW/PH	1532LW/PH	1540LW/PH	1447LW/PH

四角失光测试

镜头的失光问题还可以，录得约平均1.73级的失光，但估计此镜应该长时间被选用中级至小光圈，失光问题对影像影响不大。

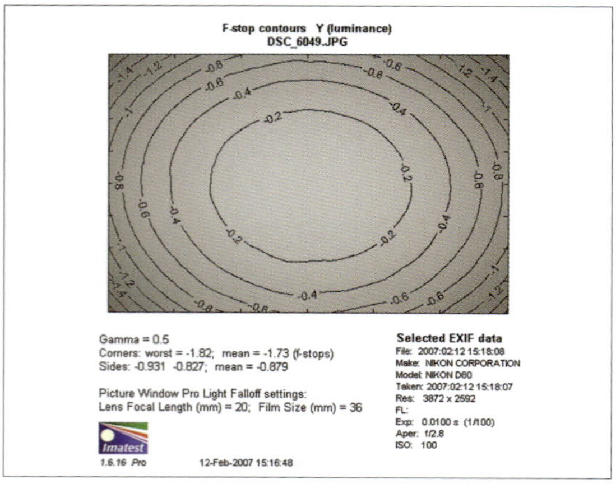

▲Imatest分析结果：1.82级最大失光及1.73级平均失光。

变形控制测试

以超广角镜头标准来说，此镜只有轻微的桶状变形，表现算是出色。

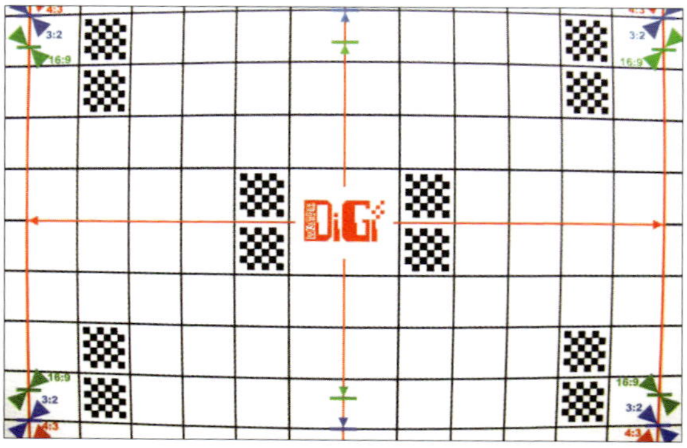

▲变形问题：轻微的桶状变形

测试后记

就超广角拍摄用途上，个人一向会比较倾向喜爱使用变焦镜头，其中一个原因是焦距控制上较为灵活。不过变焦镜头的通病就是变形控制上一般都较差。相反地，这支14mm超广角定焦镜头，在变形控制有着明显的优势，相信也是令它售价一直高企的原因。

SPEC.

Ai AF Nikkor ED 14mm f/2.8D

镜片结构：12组14片
对角线视角：114°
最大光圈：f/2.8
最小光圈：f/22
光圈叶片：7片
最近对焦：0.2m
放大率：0.149X
对焦系统：机身马达
防震级数：不支持
遮光罩：花瓣型（固定相连）
滤镜尺寸：后置明胶片滤镜
直径：87mm
长度：86.5mm
重量：670g

编辑评分

影像质量：★★★★ 对焦效能：★★★★ 镜身做工：★★★★★ 机动性：★★★★ 价性比：★★★★

Ai AF Nikkor ED 14mm f/2.8D拍摄示范

拍摄者：Gary PANG
机身：Nikon D80
镜头：Ai AF Nikkor ED 14mm F2.8D
光圈：f/9
快门：1/1600秒
感光度：ISO 200
白平衡：Auto WB
焦距：14mm（21mm相对焦距）

令拍摄变得更轻松
Ai AF Nikkor 24mm f/2.8D

参考售价：2,799元

*资料由锐意于2009年12月15日提供

合适拍摄题材
- 风景
- 建筑
- 旅游
- 抓拍

▲镜片结构：9组9片

新旧不同的需求

在上世纪七八十年代，单反相机市场正经历轻量化及自动化时期，吸引了不少民用人士开始摄影。当时市面上的变焦镜头主要是35mm为开端。若要选购一支广角镜头时，不约而同地会是24mm定焦镜头。有这样的选择当然不难理解吧，因为28mm实际比35mm宽上了不多。因而选择24mm定焦镜头作为变焦镜头的广角补充，真是个绝配。难怪令24mm成为受欢迎的广角镜头之一。时至今日，变焦镜头大多数由28mm或24mm为广角端，令24mm镜不复当年的风采。不过在数码世代，DX格式的感光元件令不少变焦镜变得不再广角。虽然24mm定焦镜头同样延伸焦距，但却因利成便，变成接近标准镜的效果。所以很多影友也喜欢在追求简单的组合上，选用一支定焦镜常用在D-SLR上，令24mm定焦镜头变成36mm相对焦距，正中简约用户的下怀了。

▲此镜的D镜设计，附有手动光圈环，而且有清晰的对焦距离显示，满足仍保存传统手动机的“两栖”用户。

源远流长的设计

Nikon的24mm镜头可算是摄影器材史中的一个经典，它在1967年推出时是全球首支采用浮动镜片设计(Close-Range Correction System)的镜头，确保相片在无限远位置至最近距离拍摄也有卓越的成像，亦减轻了影像边缘出现的失光问题；此外，它亦是当时在相同焦距中拥有最大光圈的型号。24mm f/2.8的推出在当时是一个划时代的设计。至于此镜头的光学设计源自1977年的Ai版本，采用9组9片的光学设计。在这30年来也一直沿用，足见厂方对其光学设计充满信心。测试发现此镜头的变形度相当轻微，即使细微观看也难察觉。唯在光暗对比强烈的影像边缘，所出现的色散问题仍未解决，应是旧式镜头未加入数码优化的缘故，似乎此镜好应该在D-SLR时代来个脱胎换骨。

▲Nikon有不少新产品已移师泰国或中国制造，但此镜头仍是日本制造，相当难得。

拓展阅读

全球首支拥有浮动镜片组合镜头

Nikon的24mm f/2.8在1967年推出时，是全球首支拥有浮动镜片组合的镜头。目前的AF版本为第二代光学设计，始于1977年，至今刚好是30年了。

Ai AF Nikkor 24mm f/2.8D质量测试

SFR解像度测试

整体而言，镜头的解像力表现只属一般，中央解像力还可以，但边缘位置的影像较为松散。在D-SLR测试下，在不同光圈下，边缘位置平均只有约1400LW/PH的分数，的确是比较逊色，幸而中央位置平均也有1600LW/PH，表现中规中矩。

	f/2.8	f/4	f/5.6	f/8	f/11	f/16
中央	1754LW/PH	1681LW/PH	1691LW/PH	1737LW/PH	1656LW/PH	1621LW/PH
边缘	1271LW/PH	1135LW/PH	1446LW/PH	1448LW/PH	1438LW/PH	1189LW/PH

四角失光测试

对于广角镜，失光的问题会相对远摄镜头严重。而此镜平均都有1.06级失光，算是不俗，表现与预期相当。

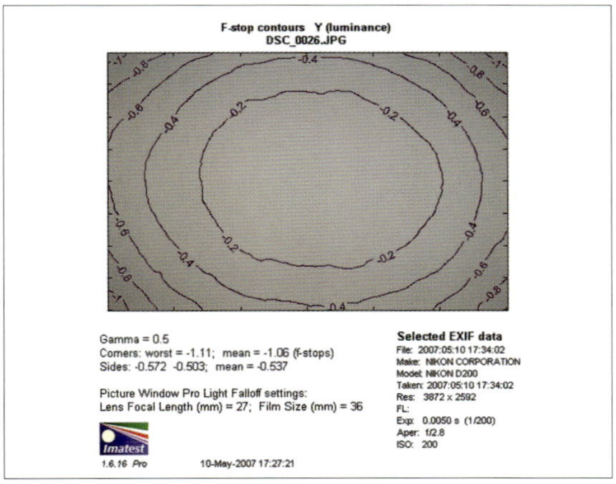

▲Imatest分析结果：最大光圈时有1.11级最大失光及1.06级平均失光。

变形控制测试

镜头只有轻微的桶状变形情况，表现尚算可以。

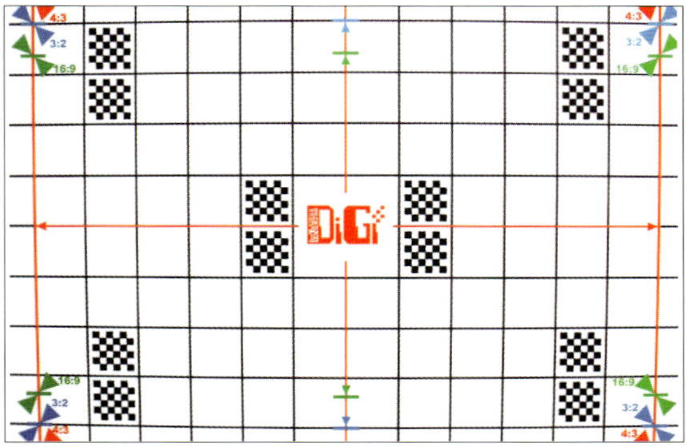

▲变形问题：轻微的桶状变形

测试后记

每位用户都会因应自己习惯、需求及财力而考虑购入哪一支镜头。其实很多人都会考虑另一支定焦镜35mm f/2，因为解像力高，近拍功能又出色，而且售价也不高，纵使如此，但笔者最终都是购买了这支24mm f/2.8镜头。诚然，此镜头无论在解像力、近拍能力、可用的最大光圈及低价位等等都不及35mm f/2，价性比较低。不过有一点是35mm f/2没办法比得上的，就是焦距效果，因为经过DX格式的焦距转换后，变成了50mm标准镜头。相反，此镜的36mm相对焦距，感觉会广阔一点又不失写实的低变形，可同时满足人、景的拍摄要求。

SPEC.

Ai AF Nikkor 24mm f/2.8D

镜片结构：9组9片
对角线视角：84°
最大光圈：f/2.8
最小光圈：f/22
光圈叶片：7片
最近对焦：0.3m
放大率：0.11X
对焦系统：机身马达
防震级数：不支持
遮光罩：HN-1桶型（另购）
滤镜尺寸：52mm
直径：64.5mm
长度：46mm
重量：270g

编辑评分

影像质量：★★★★　对焦效能：★★★★　镜身做工：★★★★★　机动性：★★★★★　价性比：★★★★

每项评分最高5★

Ai AF Nikkor 24mm f/2.8D拍摄示范

拍摄者：Gary PANG
机身：Nikon D200
镜头：Ai AF Nikkor 24mm f/2.8D
光圈：f/8
快门：1/180秒
感光度：ISO 100
白平衡：Auto WB
焦距：24mm（36mm相对焦距）

罕见炒卖之作
Ai AF Nikkor 35mm f/2D

合适拍摄题材
- 风景
- 人像
- 旅游
- 抓拍

参考售价：2,299元

*资料由锐意于2009年12月15日提供

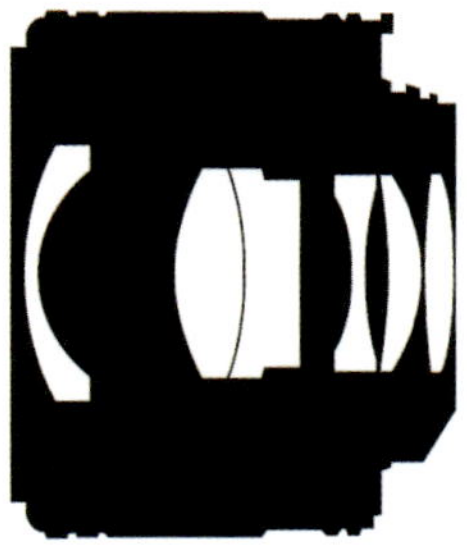

▲镜片结构：5组6片

DX的标准

不少影友喜欢使用50mm标准镜，皆因效果贴近人眼的（单眼）可视角度，加上在此焦距时镜头较少变形的问题，因此成为众人的“标准”。但亦有些影友指出人有两只眼，因此35mm镜头似乎更合乎人眼的实际感觉。不论你认同哪一派的说法，35mm定焦镜无可否认因为其宽一点的视角，令拍摄时具有一定的弹性（反抓拍精神的后期裁切其实并不一定不可行）。在Nikon的定焦镜头系列中，不论AF的或全手动的，都曾推出过35mm f/2及f/2.8版本。单从它们的最大光圈值大家已可知它们的定价、重量和尺寸。比较之下，因35mm f/2在平衡重量、画质和价钱后，被冠以价性王的美誉。

▲因没有采用IF内对设计，当对焦至最近位置，镜身会有少许伸长。

高度评价

观乎35mm f/2在光学质量上的表现相当出色，早年已在影友间建立了良好的口碑。不过与AF Nikkor 24mm f/2.8D有所不同的是，在进入自动对焦年代，Nikon为35mm f/2注入一个全新的光学设计。新设计中使用了更简约的5组6片镜片结构，而当中最大的转变就是最近对焦距离由以往手动的0.3m变成现在的0.25m，使放大倍率推升至0.24X。使用过后会感觉此镜的解像力极高，在最大光圈时镜头边缘位置虽只有1560LW/PH，但其余的光圈值时镜头的中央与边缘位置的表现都相当接近，实在强悍。变形控制也极佳，以肉眼看上去并没有察觉有明显变形问题。整体来说，此镜拥有极佳的成像表现，加上其有限的身价，更显得物有所值。

▲当接上中档D-SLR上，平衡感和相配度都甚高，感觉非常轻便，符合用户轻松拍的要求。

拓展阅读

镜头也可炒卖？

镜头炒卖比较少见，主要发生在Leica M镜上。但D70之后推出所泛起的升级D-SLR浪潮中，此镜曾出现被抢购及炒高售价，订购也曾要等上一至两个月才有。

Ai AF Nikkor 35mm f/2D质量测试

SFR解像度测试

此镜有个很特别的地方，就是其解像力已经在很早段“发力”。在f/2.8时已达到1806LW/PH的分数，而f/2更是个“可用”的大光圈，表现远超乎预期。只是f/8-f11的光圈范围惊喜欠缺，表现平均，但仅属一般。

	f/2	f/2.8	f/4	f/5.6	f/8	f/11
中央	1739LW/PH	1806LW/PH	1717LW/PH	1817LW/PH	1755LW/PH	1616LW/PH
边缘	1560LW/PH	1698LW/PH	1547LW/PH	1797LW/PH	1635LW/PH	1605LW/PH

四角失光测试

测试下，镜头在f/2大光圈下录得约平均1.14级的失光，失光情况尚可接受，而且我们未必会经常用到f/2如此大光圈，而且只要把光圈稍收一级，失光问题就可解决。

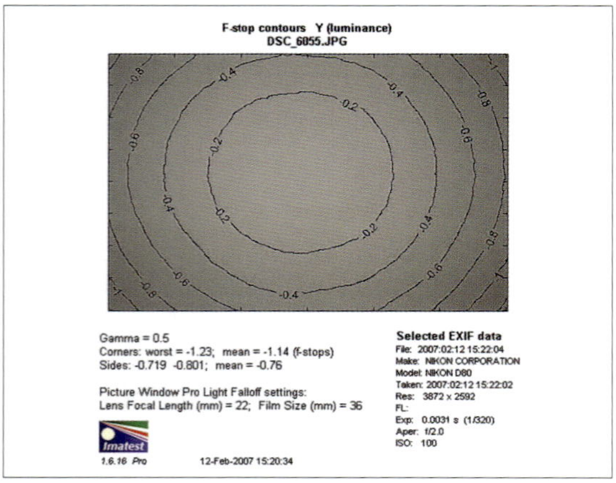

▲Imatest分析结果：最大光圈时有1.23级最大失光及1.14级平均失光。

变形控制测试

镜头出现轻微的桶状变形的情况，如果大家想为DX格式的D-SLR购入此镜当50mm标准镜头用途的话，就更需要留意它的变形程度是否能够接受。

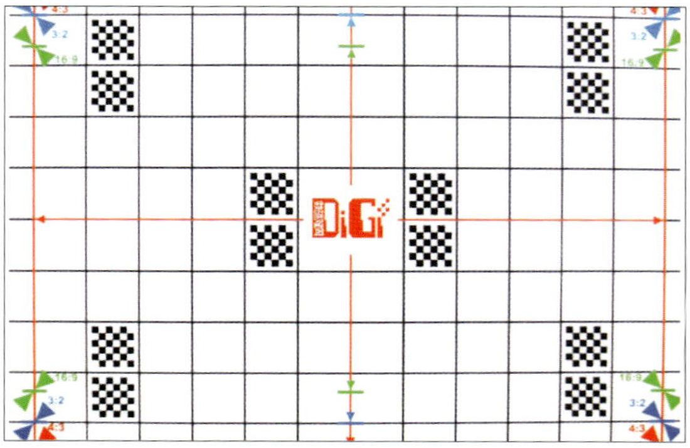

▲变形问题：轻微的桶状变形

测试后记

为了拍得轻松方便，有好一段时间，自己在努力寻找一支随身轻便的定焦镜头，而且需要有大光圈，可应付如室内的低光源环境。宏观众多Nikon用户的口碑后，还是觉得此镜是支解像力非常出色的镜头，而且镜身轻巧可充当随身镜，其超短对焦距离，更令它在某种程度上变成一支半微距镜头。再加上售价不高，实在是非常值当。

Ai AF Nikkor 35mm f/2D

SPEC.

镜片结构：5组6片
对角线视角：62°
最大光圈：f/2
最小光圈：f/22
光圈叶片：7片
最近对焦：0.25m
放大率：0.24X
对焦系统：机身马达
防震级数：不支持
遮光罩：HN-3桶型（另购）
滤镜尺寸：52mm
直径：64.5mm
长度：43.5mm
重量：205g

编辑评分

影像质量：★★★★★ 对焦效能：★★★★ 镜身做工：★★★★ 机动性：★★★★★ 价性比：★★★★★

Ai AF Nikkor 35mm f/2D拍摄示范

拍摄者：Sam YAU
机身：Nikon D200
镜头：Ai AF Nikkor 35mm f/2D
光圈：f/2
快门：1/750秒
感光度：ISO 100
白平衡：Auto WB
焦距：35mm（52.5mm相对焦距）
对焦距离：0.25m

不容被看小
Ai AF NIKKOR 50mm f/1.8D

合适拍摄题材
- 人像
- 旅游
- 抓拍
- 新闻报道
- 舞台表演

参考售价：749元

*资料由锐意于2009年12月15日提供

▲镜片结构：5组6片

改进再推

不要因此镜是Nikon门下最便宜的全画幅镜头便小看它，在往后的测试你便知道它的质量其实甚高。虽然此镜便宜得很，质量也高，但也不是无敌的。此镜在2002年被“改造”再推，加入支持立体矩阵测光系统功能，变成现在的“D镜”版本，更把上代的塑胶卡口改成金属制造。但镜身方面，仍然选用较轻的用料。在手持感觉上，明显感到它比f/1.4D和f/1.4G版本少了一点刚度。

半斤足八两

此镜与另外两支f/1.4光圈版本的50mm镜头，在最大光圈上相差一级也不够，但价格相差却高达3倍有多，彼此之间的质量差距，又不是如此大。此镜本身在锐度和色彩方面的表现，也有一定水准，50mm定焦的规格，变形控制也不会有大问题，大家可再看参考后面的测试。但如果你想有一支廉价但质量高的镜头，或者你想在变焦镜以外有一支大光圈镜头，以应付不时之需，那AF 50mm f/1.8D会是你的必然之选。

▲镜头在对焦至最近的0.45米时，镜身伸得最长。

▲它的前组镜片深深嵌在镜筒之内，虽然有助防止逆光进入，也降低装上遮光罩的需要。但想深一层，其实它还有潜质造得更薄。

▲不少买家都会为此镜另购一个“漂亮”一点的不透明原厂镜尾盖，代替随镜附送的透明盖。

拓展阅读

迟来的D镜成员

在F90上首次加入的立体矩阵测光系统，需要镜头提供距离信息用于资料运算。自1992年开始，Nikon陆续把AF镜头“D镜化”。不过50mm f/1.8是当中最迟“升级”的一支，要到2002年才进化完成。

Ai AF NIKKOR 50mm f/1.8D质量测试

SFR解像度测试

就测试结果所示，此镜的解像力表现非常出色，且不同光圈的表现均属平均。意想不到如此价廉的AF 50mm f/1.8D有此成绩。相信会令不少用户“大跌眼镜”和“难以置信”。

	f/1.8	f/2	f/2.8	f/4	f/5.6	f/8	f/11	f/16
中央	2,731LW/PH	2,937LW/PH	3,295LW/PH	3,273LW/PH	3,294LW/PH	3,361LW/PH	3,198LW/PH	2,783LW/PH
边缘	2,415LW/PH	2,487LW/PH	2,810LW/PH	2,880LW/PH	3,065LW/PH	3,157LW/PH	2,956LW/PH	2,559LW/PH

四角失光测试

此镜的最大光圈比f/1.4版本稍小半级，所以在失光测试中，问题比较轻微，最大光圈时平均只有1.87级的失光。在众多大光圈类型的镜头中，失光情况可算是正常。

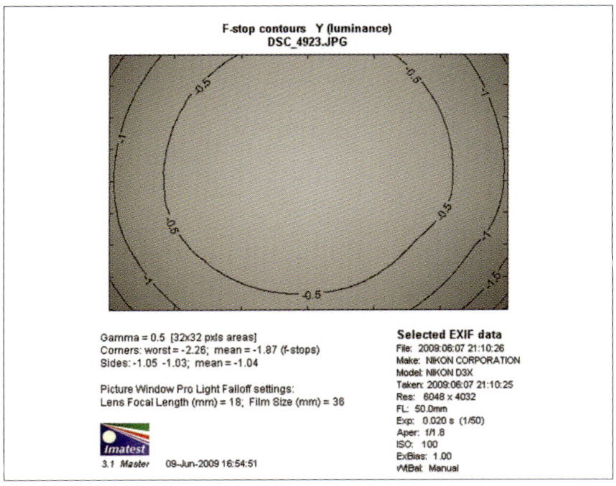

▲Imatest分析结果：最大光圈时有2.26级最大失光及1.87级平均失光。

变形控制测试

测试影像中只出现轻微的桶状变形。对于常用标准镜效果的室内设计摄影范畴，可放心使用此镜配以FX全画幅机身拍摄。

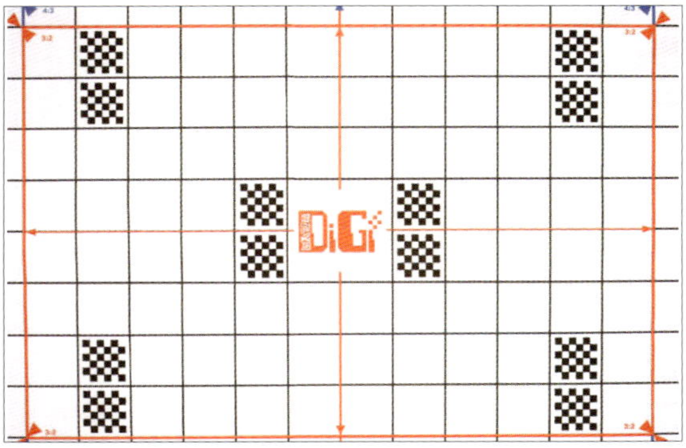

▲变形问题：轻微的桶状变形

测试后记

一向对于Nikon D-SLR在锐度方面的表现，有非常深刻的印象，而使用此镜就很有相得益彰的效果。不过要注意的是，当50mm f/1.8D接上DX的D-SLR之后，焦距变成了75mm（50mm x 1.5），如果你用来拍摄人像，75mm相当适合。不过也有用户觉得这支镜的散焦不够圆润，原因是未用上圆形光圈叶片。以价论镜，一支如此廉价的镜头，可以有如此高的画质表现，已经是物超所值。

Ai AF NIKKOR 50mm f/1.8D

SPEC.

- 镜片结构：5组6片
- 对角线视角：46°
- 最大光圈：f/1.8
- 最小光圈：f/22
- 光圈叶片：7片
- 最近对焦：0.45m
- 放大率：0.15X
- 对焦系统：机身马达
- 防震级数：不支持
- 遮光罩：HR-2 桶型（另购）
- 滤镜尺寸：52mm
- 直径：5204mm
- 长度：39mm
- 重量：155g

编辑评分

影像质量：★★★★★ 对焦效能：★★★★ 镜身做工：★★★ 机动性：★★★★★ 价性比：★★★★★

Ai AF NIKKOR 50mm f/1.8D拍摄示范

拍摄者：Sam YAU
机身：Nikon D90
镜头：Ai AF NIKKOR 50mm f/1.8D
光圈：f/11
快门：1/125秒
感光度：ISO 200
白平衡：Auto WB
焦距：50mm（75mm相对焦距）

中价标准之选
Ai AF Nikkor 50mm f/1.4D

参考售价：2,059元

*资料由锐意于2009年12月15日提供

合适拍摄题材

- 人像
- 旅游
- 抓拍
- 新闻报道
- 舞台表演

▲镜片结构：6组7片

最多人买的f/1.4镜

Nikon在自动对焦年代曾推出过三支f/1.4的AF镜头，分别是28mm、50mm及85mm。不过令人相当可惜的是28mm f/1.4已于2005年停产，在ebay中的“炒卖价”更曾高达三万元，似乎已成为大部分用户最遥不可及的一支f/1.4镜头；至于85mm f/1.4是典型的人像镜皇，价钱也可以算是合理，不过也要拱手拿出七千元才能买下；相对而言，50mm f/1.4便“亲民”得多了，只要约二千元便可带一支全新的回家。

▲看一看表面涂装已感到此镜比f/1.8D版更坚硬耐用。

不高也不低

总有不少用户仍在苦恼着买f/1.4D还是f/1.8D好。个人认为只要有足够的经济能力的话，那当然是买f/1.4吧。有些用户可能反驳f/1.8D的价钱实在太相宜，令f/1.4D的价性比给拉下去。不错，价钱的确相差如此，但一分钱一分货就是不变的道理，在制作大光圈镜头时故之然光学设计会相应更为复杂，再者f/1.4D版本在外壳质量上也较f/1.8D为之优胜。只要大家实际把玩过两支镜头后便会发觉无论是光圈环及对焦环，f/1.4D也会较为顺畅。相对较高价格的f/1.4D，这多付了的“两倍的价钱”可不是白花的。因此只要经济能力许可，50mm f/1.4D绝对值得购买！

▲从尾组镜片已感到f/1.4（左）比f/1.8（右）更用得尽卡口的空间。

拓展阅读

家喻户晓的的6组7片光学设计

50mm f/1.4D采用了Nikon家喻户晓的6组7片光学设计，这个镜头结构可追溯自1976年的非Ai版本，是Nikon仍然在产的镜头中光学设计最悠久的一个。

Ai AF Nikkor 50mm f/1.4D质量测试

SFR解像度测试

究竟一支超大光圈标准镜的最大光圈解像力表现如何呢？就测试结果，镜头的解像力表现非常平均，中央与边缘分数接近，表现不俗。至于大家关心的大光圈，除边缘位置较松散，中央位置尚可，只要把光圈收小至f/2，解像力就明显提升。

	f/1.4	f/2	f/2.8	f/4	f/5.6	f/8	f/11	f/16
中央	2,713LW/PH	2,990LW/PH	3,079LW/PH	2,854LW/PH	3,080LW/PH	3,085LW/PH	3,084LW/PH	2,959LW/PH
边缘	2,332LW/PH	2,457LW/PH	2,638LW/PH	2,856LW/PH	2,958LW/PH	3,086LW/PH	3,063LW/PH	2,863LW/PH

四角失光测试

因为最大光圈达f/1.4级数，令镜头在失光测试中的表现，只属一般。于最大光圈时有约2.7级的失光，稍微收光圈至f/2.8，已经可以将暗角赶尽杀绝。

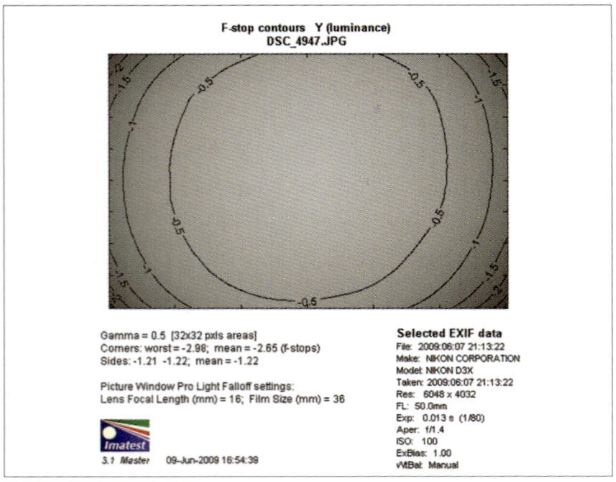

▲Imatest分析结果：最大光圈时有2.98级最大失光及2.65级平均失光。

变形控制测试

影像中出现轻微的桶状变形。对于常用标准镜效果的室内设计摄影范畴，可放心使用此镜配以FX全画幅机身拍摄。

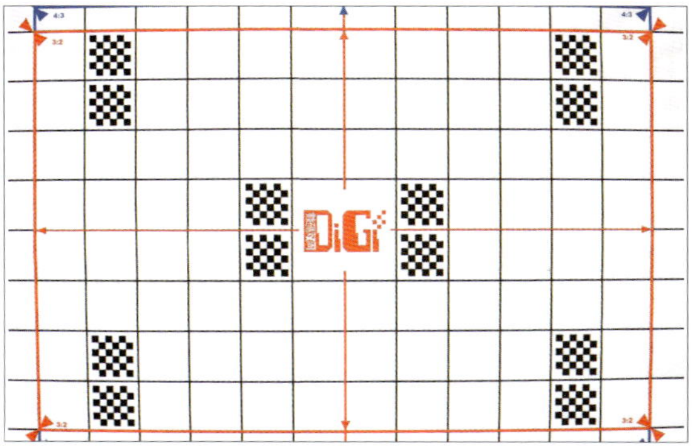

▲变形问题：轻微的桶状变形

测试后记

这支镜头在解像力上与AF Nikkor 50mm f/1.8D不遑多让，而且有更佳的手感及专业外观，在此消彼长下，令人更想投入50mm f/1.4的怀抱。相比AF 35mm f/2D，此镜货源较多并不难买，而且定价相当可人，轻易就可一尝f/1.4超大光圈及浅景深的感觉，试问怎不教人心动。

Ai AF Nikkor 50mm f/1.4D

SPEC.

镜片结构：6组7片
对角线视角：46°
最大光圈：f/1.4
最小光圈：f/16
光圈叶片：7片
最近对焦：0.45m
放大率：0.15X
对焦系统：机身马达
防震级数：不支持
遮光罩：HR-2 桶型（另购）
滤镜尺寸：52mm
直径：64.5mm
长度：42.5mm
重量：230g

编辑评分

影像质量：★★★★★ 对焦效能：★★★★ 镜身做工：★★★★ 机动性：★★★★★ 价性比：★★★★★

Ai AF NIKKOR 50mm f/1.4D拍摄示范

拍摄者：Sam YAU
机身：Nikon D40x
镜头：Ai AF Nikkor 50mm f/1.4D
光圈：f/9
快门：1/320秒
感光度：ISO 200
白平衡：Auto WB
焦距：50mm（75mm相对焦距）

超速标准

AF-S Nikkor 50mm f/1.4G

参考售价：3,289元

*资料由锐意于2009年12月15日提供

合适拍摄题材

- 人像
- 旅游
- 抓拍
- 新闻报道
- 舞台表演

▲镜片结构：7组8片

全新涂装　手感更佳

新版本的AF-S 50mm f/1.4G虽然跟旧版本AF 50mm f/1.4D同样使用双高斯型（Double Gauss Type）光学设计。但镜片组合变成了7组8片，而且加上SIC（Super Integrated Coating）超级综合镀膜，减少镜片间的反射，提升镜头的透光度，减少光斑及鬼影的形成。另一方面，改用了圆形光圈叶片，令小光圈下散景仍然感觉自然、形状圆浑。另外，新镜可让对焦时的整体延伸方式（Overall linear Extension）在镜筒内完成，不会伸延，使“新G镜”有更佳的密封性，设计上大举抛离有14年历史的旧式AF 50mm f/1.4D。

D5000用户都想拥有的高速人像镜

“G镜”最大特点就是减去了手动光圈环设计，这意味着这支有着数码优化的镜头，在你家中历史悠久的机械胶卷机上，无法如常使用。但其SWM（Silent Wave Motor）宁静波动马达技术，不但令AF比以往更快，少了旧式“D镜”在对焦时的“吱吱声”外，而且支持全时手动对焦M/A功能，不单方便，亦更耐用。即使配合D40、D40X、D60及D5000这些没有机身AF马达的入门D-SLR使用，不但一切操作正常，更可摇身一变成为相对焦距达75mm的大光圈中焦远摄人像镜。由AF-S 50mm f/1.4G开始，未来日子，即使是入门用户，都不需担心没有高质量定焦镜使用。

▲新镜筒设计，令镜片在对焦时只在镜内前后移动，变成IF内对焦，镜身不再伸出伸入，防尘防渗能力大增。

▲滤镜尺寸亦放弃由AIS镜头时代常见的52mm，变为新镜常见的58mm。

▲放弃旧式的滤镜坑道的遮光罩装入方法，改以直接安在镜筒外围，方便同时使用滤镜。

▲改用圆形光圈叶片设计后，在f/5.6时的光圈叶片情况。

▲即使镜头处于AF模式，只要AF过程完结了，就能随时再MF微调或更改效果，达到全时手动对焦效果。

▲新增的SWM马达令卡口上的触点增多了，但减去了旧式的对焦传动杆接口。

AF-S Nikkor 50mm f/1.4G质量测试

SFR解像度测试

究竟这支超大光圈标准镜的解像力表现如何呢？就测试结果所示，镜头的解像力表现非常平均，显示中央与边缘的分数相当接近，光学质量十分优异。至于大家都关心的大光圈解像力，平均都徘徊在2,500LW/PH之间，整体而言都属于中上的水平。

	f/1.4	f/2	f/2.8	f/4	f/5.6	f/8	f/11	f/16
中央	2,506LW/PH	2,555LW/PH	2,877LW/PH	2,956LW/PH	2,955LW/PH	3,008LW/PH	3,022LW/PH	2,948LW/PH
边缘	1,944LW/PH	2,487LW/PH	2,682LW/PH	2,441LW/PH	2,621LW/PH	2,854LW/PH	2,974LW/PH	2,805LW/PH

四角失光测试

此镜在失光测试中做出不错的抑制能力，于最大光圈f/1.4只有2.7级失光，稍收光圈至f/2，已经可以将“黑角”赶尽杀绝。

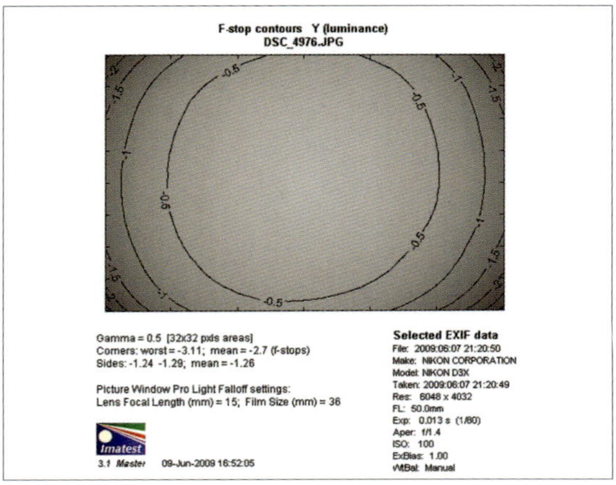

▲Imatest分析结果：最大光圈时有3.11级最大失光及2.7级平均失光。

变形控制测试

从测试图片中可以看出此镜出现轻微的桶状变形。

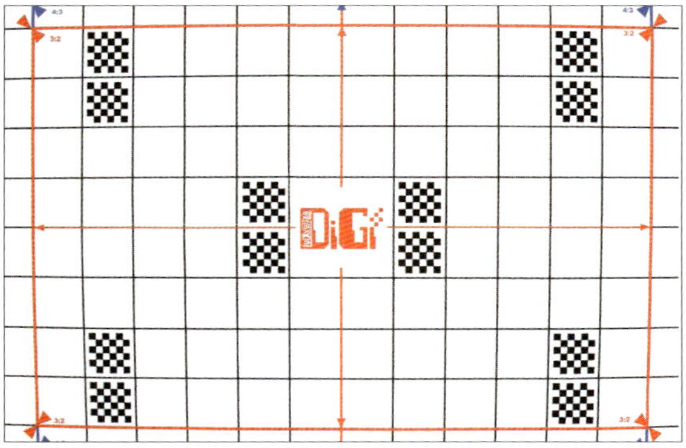

▲变形问题：轻微的桶状变形

测试后记

虽然新镜并没有再继承前代的家喻户晓6组7片标准镜光学设计，但仍见它的成像质量、色散像差控制都颇佳。不过再看看它的价钱，几近是“D镜”的一倍。但如果阁下同时拥有D5000或D60等入门D-SLR，除了它，便没有更好的原厂镜选择。对于机皇级数的，虽然两款“D镜”可以如常AF及使用，但对焦噪声、逆光控制及防渗防尘设计都不及此新版“G镜”。买得最好的机身，当然想要一支一样耐用和高科技的镜皇配搭的，所以作为Nikon的支持者，对此镜的高身价应该有多一点的体谅。

SPEC. AF-S Nikkor 50mm f/1.4G

镜片结构：7组8片
对角线视角：46°
最大光圈：f/1.4
最小光圈：f/16
光圈叶片：9片（圆形）
最近对焦：0.45m
放大率：0.15X
对焦系统：SWM马达
防震级数：不支持
遮光罩：HB-47桶型（随镜附送）
滤镜尺寸：58mm
直径：73.5mm
长度：54mm
重量：280g

编辑评分

影像质量：★★★★★ 对焦效能：★★★★★ 镜身做工：★★★★★ 机动性：★★★★★ 价性比：★★★★

AF-S Nikkor 50mm f/1.4G拍摄示范

拍摄者：Chloe WAN
机身：Nikon D700
镜头：AF-S Nikkor 50mm f/1.4G
光圈：f/1.4
快门：1/2000秒
感光度：ISO 200
白平衡：Auto WB
焦距：50mm

性价比人像镜王
Ai AF Nikkor 85mm f/1.8D

参考售价：2,799元

*资料由锐意于2009年12月15日提供

合适拍摄题材
- 人像
- 商品
- 舞台表演

▲镜片结构：6组6片

人像镜的特性

焦距由70mm至135mm的人像镜头，用于拍摄半身至大头，能保持与模特儿的距离不会太远，非常适合拍摄人像。在DX格式D-SLR上，虽然令85mm镜头变成了有127.5mm相对焦距效果，但仍然属于人像镜头性质范围（但个人较喜欢全画幅时的85mm焦距效果）。在Nikkor镜群中，首支85mm定焦镜头可追溯至1964年，当时推出的为4组6片f/1.8光圈版本。在进入Ai卡口年代，代替始祖f/1.8版本的却是一支f/2 Ai版本，之后才再有f/1.4版本推出。

实而不华

作为经典Nikkor-H.C Auto 85mm f/1.8的后续镜头，此镜保留了光圈环的设计，镜身亦属于细小轻巧设计，较目前其他85mm定焦镜小了近一个码，然而两者在结构上有颇大的差异，光学结构由以往的4组6片更改为6组6片。镜头加入了电子触点能提供拍摄距离信息，对应3D彩色矩阵测光等功能上。为配合AF功能，镜头改成后组对焦系统（Rear Focus System），既可增加对焦速度，亦使滤镜不会因AF而旋转，方便C-PL偏振光镜的使用。

▲镜头对焦环用上的橡胶包裹，是当年（1994年）Nikon的创新尝试，一直沿用至今。

▲保留下来的光圈环设计，令此镜能对应手动胶卷机身。

▲在日本制造令此镜更加吸引力。

拓展阅读

首见橡胶包裹的对焦环

Nikon早期的AF镜头大多使用上金属或硬胶的对焦环，手动对焦时手感不佳，又易疲倦痛楚。当AF 85mm f/1.8（非D版本）在1988年首次推出时，却改以橡胶包裹着对焦环，舒适又不滑手，往后推出的AF镜头均以此作为标准。

Ai AF Nikkor 85mm f/1.8D质量测试

SFR解像度测试

根据测试，此镜的表现不错，即使在光圈全开的情况下，解像力仍然叫人满意，而且随着光圈收小，边缘位置的解像力落差亦得到逐步修正。当光圈收至f/4或以上，解像力更有明显的上升，确实做到了价廉物美。

	f/1.8	f/2	f/2.8	f/4	f/5.6	f/8	f/11	f/16
中央	1,863LW/PH	1,853LW/PH	1,893LW/PH	2,091LW/PH	2,123LW/PH	2,135LW/PH	2,078LW/PH	1,964LW/PH
边缘	1,515LW/PH	1,526LW/PH	1,538LW/PH	1,586LW/PH	1,717LW/PH	1,599LW/PH	1,934LW/PH	1,932LW/PH

四角失光测试

此镜在DX机身上的失光控制很好，而且比f/1.4版本略胜一筹。平均失光只有约0.123级，一般使用上近乎不可能发觉，若要追求“完美零瑕疵”的顶级表现，只要收小一级或半级光圈即可。

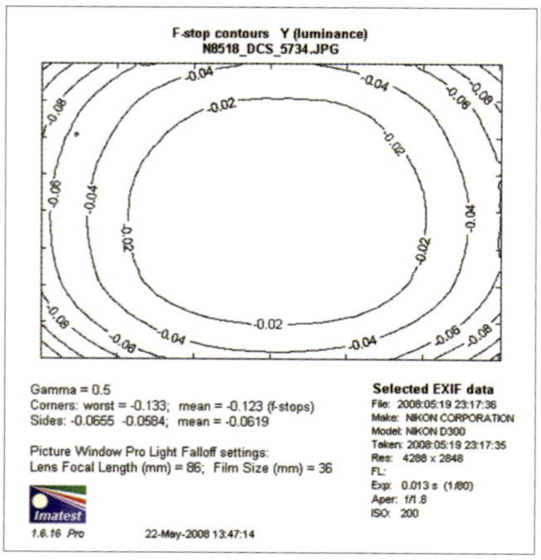

▲Imatest分析结果：最大光圈时有0.123级最大失光及0.133级平均失光。

变形控制测试

镜头只出现极其轻微的桶状变形，不太影响实际拍摄，例如拍摄人像这类对变形控制要求较高的题材也不是问题。

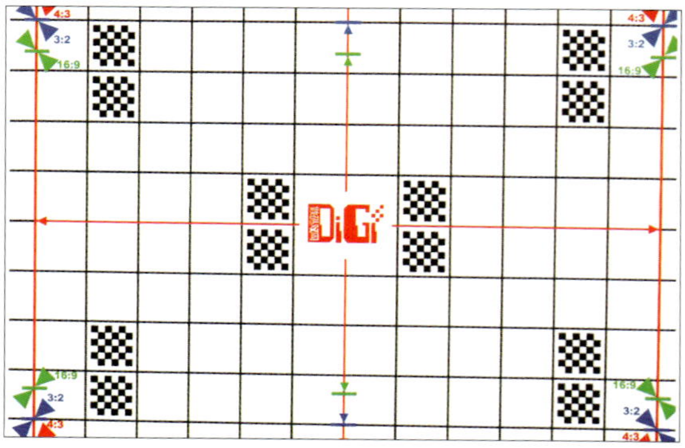

▲变形问题：轻微的桶状变形

测试后记

人像拍摄虽然不是自己最喜欢的题材，不过曾几何时，亦曾入手这支镜头。虽然现在已“赠予”有心人，但是对这支镜头依然印象深刻。镜头手感异常地好，扎实之余又不会像85mm f/1.4般大块头。太重的镜头会减低拍摄的兴致，而这支镜头的重量及体积适中，属易于携带的一类。另外，镜头的解像力也令笔者眼前一亮，只要把光圈收至f/2.8后，其锐度肯定满意，而且色散控制比85mm f/1.4好，实在想不到不买的理由。

Ai AF Nikkor 85mm f/1.8D

SPEC.

镜片结构：6组6片
对角线视角：28° 30'
最大光圈：f/1.8
最小光圈：f/16
光圈叶片：9片
最近对焦：0.85m
放大率：0.11X
对焦系统：机身马达
防震级数：不支持
遮光罩：HN-23桶型（另购）
滤镜尺寸：62mm
直径：71.5mm
长度：58.5mm
重量：380g

编辑评分

影像质量：★★★★★ 对焦效能：★★★★ 镜身做工：★★★★ 机动性：★★★★★ 价性比：★★★★★

Ai AF Nikkor 85mm f/1.8D拍摄示范

拍摄者：Vic WONG
机身：Nikon D300
镜头：Ai AF Nikkor 85mm f/1.8D
光圈：f/1.8/
快门：1/250
感光度：ISO 200
白平衡：Custom WB
焦距：85mm（127.5mm相对焦距）

皇牌大光圈人像镜

Ai AF Nikkor 85mm f/1.4D（IF）

参考售价：7,129元

*资料由锐意于2009年12月15日提供

合适拍摄题材
· 人像
· 商品
· 新闻报道
· 舞台表演

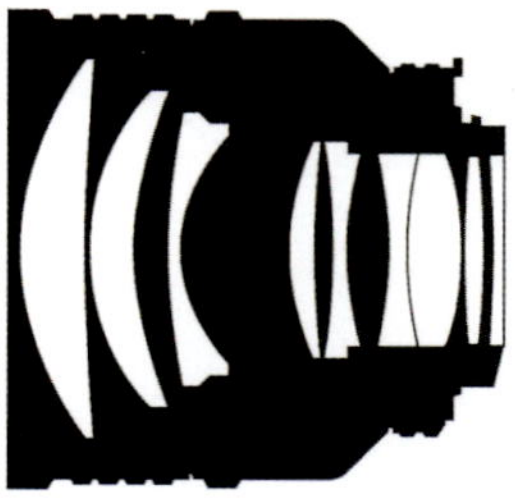

▲镜片结构：8组9片

不能取代的重要性

要数Nikon人像镜皇牌，除了“小黑”系列，便肯定是这支AF Nikkor 85mm f/1.4D（IF）。以往的Ai卡口年代，Nikon分别为85mm定焦镜头推出过f/1.4及f/2版，现在AF 版本则是f/1.4及f/1.8版本。f/1.4的大光圈，无论是手动镜还是AF年代也好，重要性一直丝毫无减。虽然很多很多用户都期待Nikon推出f/1.2再加SWM马达和VR防震系统的数码人像镜皇，但有此喜讯前，此f/1.4版本仍然是最顶级的人像镜选择。单从镜头的外观已对它的专业性质略知一二，因为用上了全金属镜身，与同门的85mm f/1.8的塑胶感相比，那扎实的手感实在是无法比较。如果自问是看重外观兼手感的，此镜肯定是你的“杯茶”。

▲镜身全金属设计，手感非常扎实。

随时代改进

此镜在1995年推出，一直被称为王牌之作，设计上自然有些特别。首先，驱动系统用上IF（Internal Focusing）内对焦设计，此举实在是一点也不容易，而且可令对焦速度加快之余，镜头的长度也没有因此而增加。虽然没有SWM超声波马达，但配合高级和机皇机身上，对焦速度依然明快。另外，镜头用上的8组9片光学设计当中，配有圆形光圈叶片，是早期罕有的例子。这令拍摄出来的散焦更自然，极为适合人像拍摄。不过在测试过程中，发现镜头的大光圈色散问题颇为严重，就算是把光圈收小一级，色散现象依然出现。希望厂方能为它的新版解决这个问题，令它更趋完美。

▲大光圈镜头后组镜片普遍较为突出，安装镜头时要比较小心。

拓展阅读

慢工出细活

此镜是Nikon三支AF f/1.4D镜头中（28mm、50mm及85mm）最迟来的一支。因为它并非简单的把手动镜头“AF化”，而是采用全新的8组9片光学设计及全新的圆形光圈叶片，所以要长一点的制作时间。

Ai AF Nikkor 85mm f/1.4D（IF）质量测试

SFR解像度测试

虽然此镜较为高级，中央解像力略高于f/1.8D版本，但最大光圈边缘不能与中央位置的解像力保持相仿成绩，情况要待光圈收细至f/4才得以改善。

	f/1.4	f/2	f/2.8	f/4	f/5.6	f/8	f/11	f/16
中央	1,944LW/PH	1,924LW/PH	1,992LW/PH	2,144LW/PH	2,189LW/PH	2,183LW/PH	2,107LW/PH	2,012LW/PH
位置	748.6LW/PH	763.7LW/PH	1,059LW/PH	1,695LW/PH	1,844LW/PH	1,693LW/PH	1,833LW/PH	2,018LW/PH

四角失光测试

此镜在DX机身上只有约-0.2级光圈左右，一般使用上近乎不可能发觉，若要追求“完美零瑕疵”的顶级表现，只要收小一级或半级光圈即可。

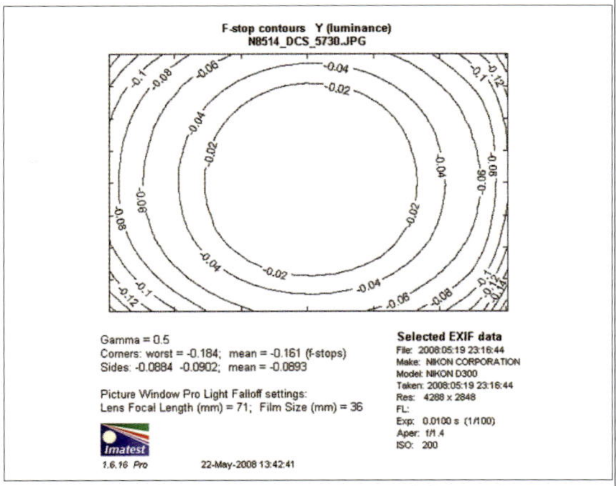

▲Imatest分析结果：最大光圈时有0.184级最大失光及0.161级平均失光。

变形控制测试

人像拍摄最需要一支变形控制出色的镜头，否则拍出来的样貌变形了，就不好看。至于此镜有出色的变形控制能力，在测试下，影像只出现轻微的桶状变形。

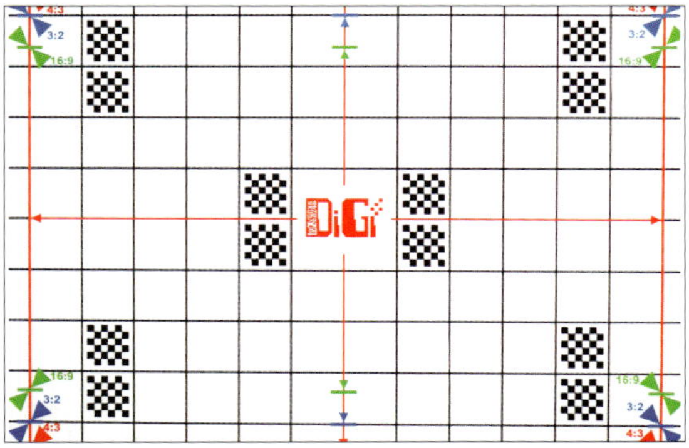

▲变形问题：轻微的桶状变形

测试后记

这支镜头拿上手的第一个感觉就是沉重，心想如果镜头可以被设计得轻巧一点，拍摄起来也轻松得多。不过论镜身做工，一拿上手就知道是高档的金属镜筒，如此质感的Nikon镜亦愈来愈少见了，就如Nikon的大光圈定焦镜一支一支地停产一样。此镜的售价确是很高，一般用途下，相信大家未必会考虑这支镜头，毕竟与85mm f/1.8的售价实在相差太远了。不过个人最希望的，是Nikon考虑为此镜推出新版时，实在要留意一下色散方面的问题，原因是拍人像很多时都会用上较大的光圈拍，如果要把光圈至少缩小到f/4后，色散才有较佳控制，似乎大大减低了这人像镜头的实用性。

SPEC. Ai AF Nikkor 85mm f/1.4D（IF）

镜片结构：8组9片
对角线视角：28° 30'
最大光圈：f/1.4
最小光圈：f/16
光圈叶片：9片（圆形）
最近对焦：0.85m
放大率：0.11X
对焦系统：机身马达
防震级数：不支持
遮光罩：NH-31桶型（随镜附送）
滤镜尺寸：77mm
直径：80mm
长度：72.5mm
重量：550g

编辑评分

影像质量：★★★★　对焦效能：★★★★　镜身做工：★★★★　机动性：★★★★　价性比：★★★★

每项评分最高5★

Ai AF Nikkor 85mm f/1.4D（IF）拍摄示范

拍摄者：Alec YAU
机身：Nikon D300
镜头：Ai AF Nikkor 85mm f/1.4D（IF）
光圈：f/1.4
快门：1/80秒
感光度：ISO 200
白平衡：Custom WB
焦距：85mm（127.5mm相对焦距）

巨眼小炮
AF-S VR Nikkor ED 200mm f/2G (IF)

合适拍摄题材
- 人像
- 室内运动
- 赛车
- 舞台表演

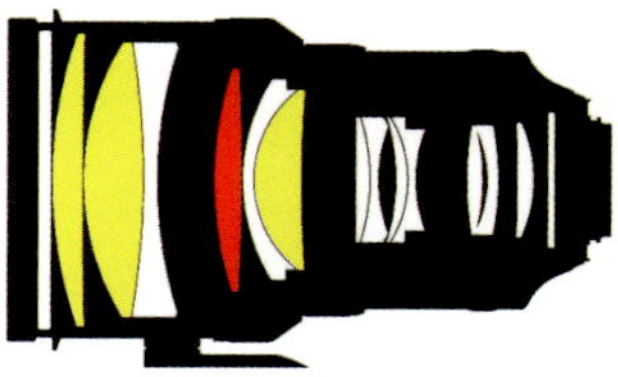

■: Super ED 光学玻璃镜片
■: ED 光学玻璃镜片

▲镜片结构：9组13片（3片ED透镜、1片超级ED透镜及1片前组保护透镜）

参考售价：33,000元

*资料由锐意于2009年12月15日提供

极限之源

提到长镜大炮，大家总会想起光圈值由f/2.8开始的。Nikon在2004年推出此f/2超大光圈长炮，其实绝对不是什么新玩意，早在1977年时，Nikon便推出了Ai手动版本的200mm f/2，镜头用上了ED镜片及内对焦设计，在当时来说这些功能已是相当先进。至于超大的f/2最大光圈值更是前卫设计，至少在市场上其他的厂商仍停留在200mm f/2.8的阶段。虽然之后有厂家推出了200mm f/1.8镜头，不过这已是11年后的1989年的事情了，算起来Nikon还独领风骚了12年之久。其后，此镜虽有两个更新版本，但f/2光圈不变，亦是8组10片的光学结构。第二代为Ai-S版本，而第三代则内置前滤镜以保护前组特大镜片。

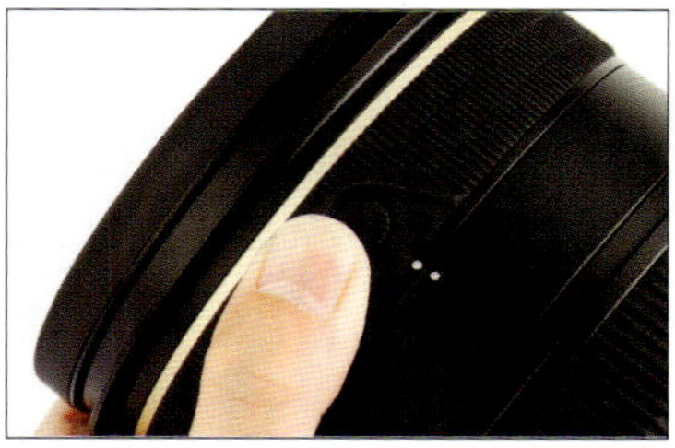

▲如很多定焦长炮，镜头前方设有锁焦按钮。

宁静防震

到了第三代的200mm f/2是在1985年推出，直至2005年12月才宣告停产，但仍然是没有AF功能。不过在2004年，AF版本的200mm f/2也终于推出市面了，而且一来就是选用高速强力的大型SWM超声波马达推动。新镜采用了全新9组13片光学设计。在增加镜片下，最令人感惊喜的是体积反而比旧版的缩小了15%，令用户更觉它“小巧便携”了一点。镜头解像力在最大光圈值f/2时已有不错的表现，当光圈收至f/5.6时，解像力更达高峰。f/2特大光圈值加上可以补偿3级快门速度的VR II系统，对于在室内或阴暗环境拍摄，如室内运动或是演唱会，都起了极大帮助。它所造出的深短景深和圆形光圈叶片，都是人像摄影中的最强之选。

▲由于前方不可能加装滤镜，所以镜头就设计成使用后插式滤镜，而滤镜尺寸为52mm。

拓展阅读

首度用上VR防手震的“大炮”

此镜是Nikon首支提供VR光学防震系统的大光圈长镜头，而且它更是Nikon首支减去光圈环，完全支持D-SLR的“G镜大炮”。

AF-S VR Nikkor ED 200mm f/2G (IF)质量测试

SFR解像度测试

就测试的结果，都可看到此镜在不同光圈下，解像力都是十分不俗，中央与边缘的解像力也不会相差太远。最令人惊喜是f/2的表现，如此的焦段，加上如此的大光圈，算是交足功课了。

	f/2	f/2.8	f/4	f/5.6	f/8	f/11	f/16
中央	1590LW/PH	1604LW/PH	1679LW/PH	1820LW/PH	1889LW/PH	1994LW/PH	1765LW/PH
边缘	1443LW/PH	1562LW/PH	1685LW/PH	1801LW/PH	1873LW/PH	1827LW/PH	1707LW/PH

四角失光测试

不愧为顶级的大光圈远摄定焦镜，就算在f/2如此大光圈，也只有平均0.44级的失光，基本上拍摄时一定不会察觉到这些微失光误差，亦即是说不会有严重黑角问题。

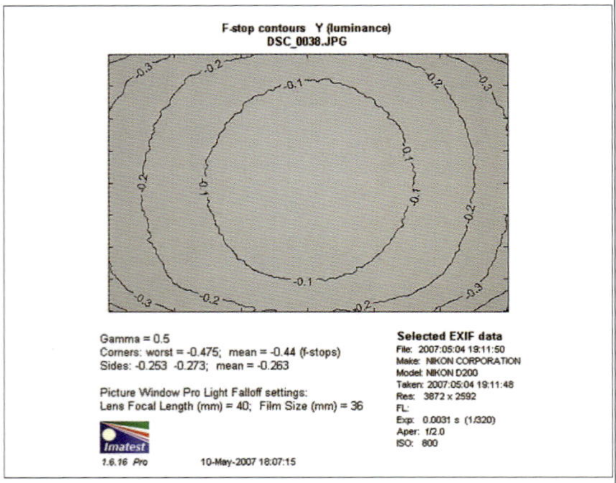

▲Imatest分析结果：最大光圈时有0.475级最大失光及0.44级平均失光。

变形控制测试

镜头的变形控制极之优异，细看下也察觉不到任何桶状或枕状的变形出现，表现完美。

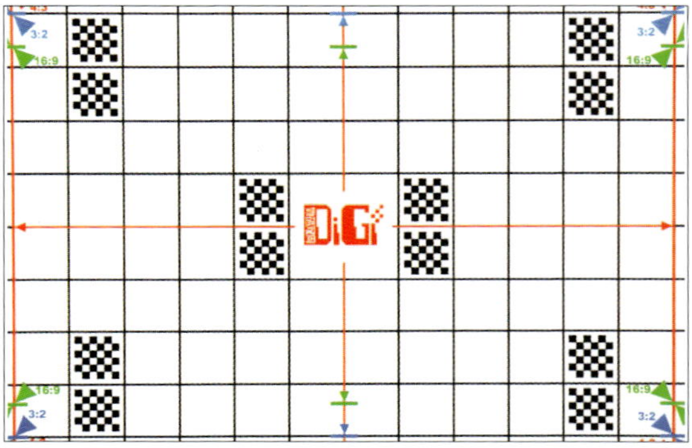

▲变形问题：不明显

测试后记

你有试过对镜头产生一见钟情的情形吗？难以解释的是，当自己亲手触摸过此镜后，的确产生了一见钟情的感觉。在远摄镜的范畴里，我们都看惯了f/2.8或f/4这些规格，当见到一支200mm镜头竟然有f/2光圈时，自然会分外留意，再加上VR II防手震功能，就更令人眼前一亮。诚然，此镜头的解像力也令人印象深刻，绝对是用来拍鸟、拍摄演唱会的最强武器，不过最令我惊讶的，是它接近“神”的AF速度，它极有可能是Nikon AF镜头群里“排头位”最快速的。不过它也不是完美的，沉重的镜身，手持拍摄很快就会觉得疲累。而天价的身份，无疑令你我只能远望，难以拥有，希望将来不要因为太贵而没有人买，导致如斯“镜皇”再次面临停产吧！

SPEC.

AF-S VR Nikkor ED 200mm f/2G (IF)

镜片结构：9组13片
对角线视角：12° 20
最大光圈：f/2
最小光圈：f/22
光圈叶片：9片（圆形）
最近对焦：1.9m
放大率：0.12X
对焦系统：SWM马达
防震级数：3级
遮光罩：HK-31桶型（随镜附送）
滤镜尺寸：后置插入式52mm
直径：124mm
长度：203mm
重量：2.9kg

编辑评分

影像质量：★★★★★ 对焦效能：★★★★★ 镜身做工：★★★★★ 机动性：★★★ 价性比：★★★★

AF-S VR Nikkor ED 200mm f/2G (IF)拍摄示范

拍摄者：Sam YAU
机身：Nikon D3
镜头：AF-S VR Nikkor ED 200mm f/2G (IF)
光圈：f/2.8
快门：1/1000秒
感光度：ISO 400
白平衡：Auto WB
焦距：200mm

超重炮，开火！
Ai AF-S Nikkor ED 400mm f/2.8D II（IF）

参考售价：69,500元

*资料由锐意于2009年12月15日提供

合适拍摄题材
· 人像
· 新闻报道
· 赛车
· 运动

: ED 光学玻璃镜片

▲镜片结构：9组11片（3片ED透镜及1片前置保护透镜）

进可攻　退可守

一看到此镜的超长焦距和大光圈设计，大家第一时间会想到什么呢？扪心自问如此昂贵的镜头，笔者拥有不起！不过要是可以让笔者选买一支定焦长镜头，那400mm f/2.8会是笔者的首选。因为再上一级的500mm就只有f/4，总有点力不从心的感觉。拥有f/2.8最大光圈值，令此镜头可以配合TC-20E增距至800mm，反观500mm f/4镜头只可加装TC-14E时保持AF，即只可增距至700mm，400mm f/2.8就是这方面较为优胜。提到Nikon 400mm f/2.8，首支推出市场的自动对焦版本为1994年的AF-I版本。镜头采以7组10片的光学设计，不过由于自动对焦系统尚未成熟，镜头不单体形庞大，而重量更高达6.6kg，真是一个吓人的数字。

▲镜头上有Nikon终极金漆招牌，并印有镜头编号及原产地。

II代新势力

即使是专业摄影师，镜头太重的话，无论是拍摄时又或者搬运期间也是一个相当沉重的负担。因此在1998年时推出的I代AF-S版本首要目标就是把镜头轻量化。采用大量碳纤维组件，在降低重量之余亦不减镜头的坚固度，最终成功瘦身28%，只有4.8kg。此外镜头亦更换了全新的SWM超声波AF马达，光学设计亦采用了全新的9组11片，无拟是AF-S系列内的新军。不过对于Nikon的设计师来说，4.8公斤这个数字始乎并未满足他们的要求，因此在2001年推出的II代镜头整体体积不变，但在镜筒金属部分转用镁合金制造，使重量进一步减轻。ED低色散镜片的使用数量也增加至三片，使相片更为锐利，同时最近对焦距离也从I代的3.8m进一步拉近至3.4m（自动对焦时为3.5m）。可见II代在技术上已是相当的成熟。

▲镜头采用后插式滤镜设计，滤镜尺寸为52mm。

拓展阅读

同级中最轻巧

在2001年推出的AF-S Nikkor 400mm f/2.8D IF-ED II，是市场所有品牌上同级中最轻巧的重炮，由于使用镁合金镜筒及碳纤维组件，令重量仅4.44kg。

Ai AF-S Nikkor ED 400mm f/2.8D II（IF）质量测试

SFR解像度测试

不愧为长炮镜皇，解像力之出色表现，实在有皇者风范。在测试下，镜头在不同光圈也有稳定和高企分数，至于f/11的表现，是最高解像力的光圈。顺带一提，就算是最大光圈的f/2.8，解像力也有上佳表现。

	f/2.8	f/4	f/5.6	f/8	f/11	f/16
中央	1796LW/PH	1877LW/PH	1947LW/PH	2104LW/PH	2073LW/PH	1706LW/PH
边缘	1701LW/PH	1717LW/PH	1802LW/PH	1928LW/PH	1931LW/PH	1703LW/PH

四角失光测试

拥有f/2.8大光圈400mm定焦镜，要做到良好失光控制是非常不容易的，不过此镜在失光表现上也是令人眼前一亮，平均只是0.613级的失光，实在是极之难得。

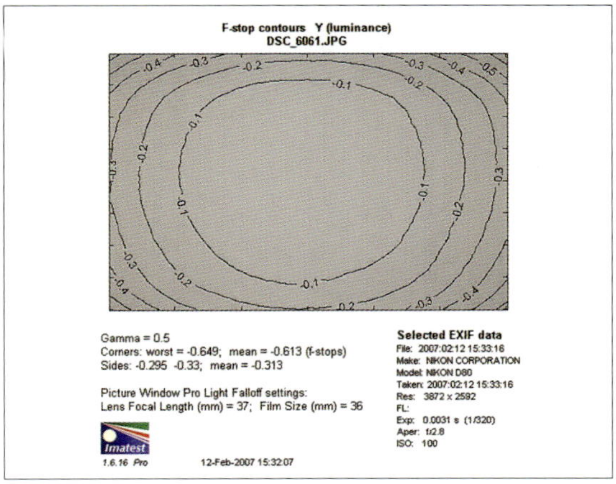

▲Imatest分析结果：最大光圈时有0.649级最大失光及0.613级平均失光。

变形控制测试

与一众大炮镜皇一样，在变形控制方面有极为优异的表现，就肉眼看来，察觉不到任何桶状或枕状的变形问题。

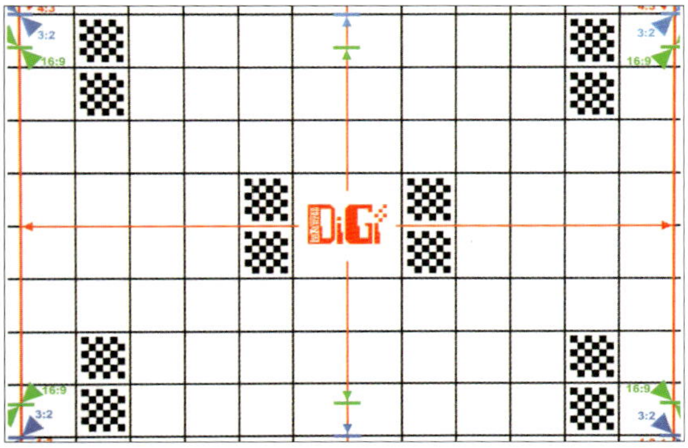

▲变形问题：不明显

测试后记

对于这类镜头，自己虽然说不上是专家，但是在不同机会下（因为自己很喜欢运动摄影），用过的重炮却很多，而且什么品牌都有。观乎各品牌的重炮中，与AF-S Nikkor 400mm f/2.8D IF-ED II同级的，都是沉重到不得了的镜头，如果没有脚架辅助，根本不可能连续拍上半小时，或者这就是超远摄镜的“特点”——沉重吧！个人倒觉得此镜的设计颇有诚意的，用上镁合金镜筒及碳纤维组件，用心改良回馈用户的这份心意，已经够Nikon用户欣赏。

SPEC.

Ai AF-S Nikkor ED 400mm f/2.8D II（IF）

镜片结构：9组11片
对角线视角：6° 10'
最大光圈：f/2.8
最小光圈：f/22
光圈叶片：9片（圆形）
最近对焦：3.4m
放大率：0.13X
对焦系统：SWM马达
防震级数：不支持
遮光罩：HK-27桶型（随镜附送）
滤镜尺寸：后置插片式52mm
直径：159.5mm
长度：351.5mm
重量：4.44kg

编辑评分

影像质量：★★★★★　对焦效能：★★★★★　镜身做工：★★★★★　机动性：★★★　价性比：★★★★

Ai AF-S Nikkor ED 400mm f/2.8D II（IF）拍摄示范

拍摄者：Gary PANG
机身：Nikon D200
镜头：Ai AF-S Nikkor ED 400mm f/2.8D II（IF）
光圈：f/2.8
快门：1/640秒
感光度：ISO 400
白平衡：Auto WB
焦距：400mm（600mm相对焦距）

镜皇三部曲之序章

AF-S Nikkor 14-24mm f/2.8G ED

合适拍摄题材
- 风景
- 旅游
- 建筑
- 新闻报道
- 抓拍

参考售价：12600元

*资料由锐意于2009年12月15日提供

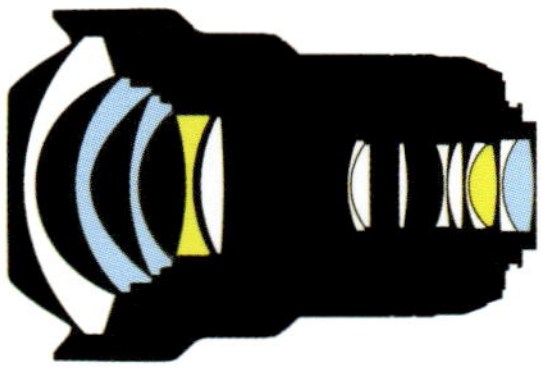

□：非球面镜片
□：ED 光学玻璃镜片

▲镜片结构：11组14片（3片非球面、2片ED透镜及1面NC镀膜）

广角最强

大多数室内设计相片，总希望能把600平方尺的居室拍得像1000平方尺般宽大舒适，所以FX全画幅D-SLR加上一支最广角但低变形镜头，便成为楼盘广告的指定拍摄工具。以往摄影师主要会选用定焦镜的14mm，但在拥有创新可变焦段的此镜推出后，便有了新选择和应用可能。这支新镜与上代的AF-S Zoom-Nikkor 17-35mm f/2.8D ED比较之下，除了由17mm的104°视角，进步至14mm的更宽114°视角外，前镜组一片超大型球形镜片，不但外形夸张，呈半球形外露于镜筒，而且在内层镀上Nikon独有的NC纳米结晶镀膜，有效减低因超广角镜组设计而出现的大量内反射光线、衍射和像差问题，令此镜的解像力进一步提升。

最强镜头系列

因为拥有如此夸张的前镜片设计，遮光罩需要选用金属制造，而且与镜身一体化，不能拆除，亦不能转动，同时丧失了安装前置滤镜的可能。此镜的镜尾滤光胶片亦被剔除，但既然用不到前置C-PL，其他的后置滤光胶片效果亦可使用D-SLR的设定代替。但此举却减少了后组镜片的设计负累，亦令镜头成本和质量效果得到提升。现在只要用户“能够”集齐此镜、AF-S 24-70mm f/2.8及名气极大的“小黑六”AF-S 70-200mm f/2.8 VR II，三支同样拥有NC镀膜、f/2.8恒定光圈及全天候保护设计的Nikkor三镜皇，不论焦距衔接和效果表现，都一脉相承，是专业摄影师必配器材系列。

▲当进行变焦过程，整个镜组跟随前后移动，若14mm时前镜片最为突出。

▲当合上同样巨形的“镜头盖”时的模样。

▲不论后置或前置，都不可能装置滤镜，比较大影响是不能使用C-PL滤镜。

AF-S Nikkor 14-24mm f/2.8G ED质量测试

SFR解像度测试

测试数据显示镜头在不同焦段的表现都相当不俗，甚有镜皇风范。虽然14mm较为低分，但相差不远。在全画幅机身上使用大光圈，亦不会感到松散，而且收小至风景摄影常用的f/8-f/11时，已升回到高水平。配合28cm近摄能力，大有成为广角微距镜的潜质。

	f/2.8	f/4	f/5.6	f/8	f/11	f/16
14mm						
中央	1,627LW/PH	1,699LW/PH	1,738LW/PH	1,858LW/PH	1,828LW/PH	1,816LW/PH
边缘	1,618LW/PH	1,633LW/PH	1,630LW/PH	1,744LW/PH	1,771LW/PH	1,793LW/PH
16mm						
中央	1,868LW/PH	1,862LW/PH	1,941LW/PH	1,986LW/PH	1,942LW/PH	1,892LW/PH
边缘	1,856LW/PH	1,846LW/PH	1,912LW/PH	1,912LW/PH	1,886LW/PH	1,857LW/PH
20mm						
中央	1,931LW/PH	1,953LW/PH	1,975LW/PH	1,964LW/PH	1,927LW/PH	1,872LW/PH
边缘	1,892LW/PH	1,932LW/PH	1,912LW/PH	1,883LW/PH	1,860LW/PH	1,828LW/PH
24mm						
中央	1,942LW/PH	1,924LW/PH	1,944LW/PH	1,909LW/PH	1,882LW/PH	1,876LW/PH
边缘	1,910LW/PH	1,906LW/PH	1,895LW/PH	1,901LW/PH	1,867LW/PH	1,841LW/PH

变形控制测试

镜头在14mm时，出现明显桶状变形，但只要轻轻“Zoom”至16mm后，效果有大幅度的改善，桶状变形已得到莫大改善。若“不一定”需要用尽其广角镜视角，建议多点选用16mm至24mm的焦段。

▲变形问题：明显的桶状变形

▲变形问题：轻微的桶状变形

四角失光测试

不论是14mm广角端或24mm远摄端，当光圈全开时都出现明显的四角失光问题，但收小光圈至f/8或更小的，失光问题差不多完全解决。虽然大光圈失光明显，但对于风景摄影，f/8-f/16才是主力使用光圈，令问题自然解决的。

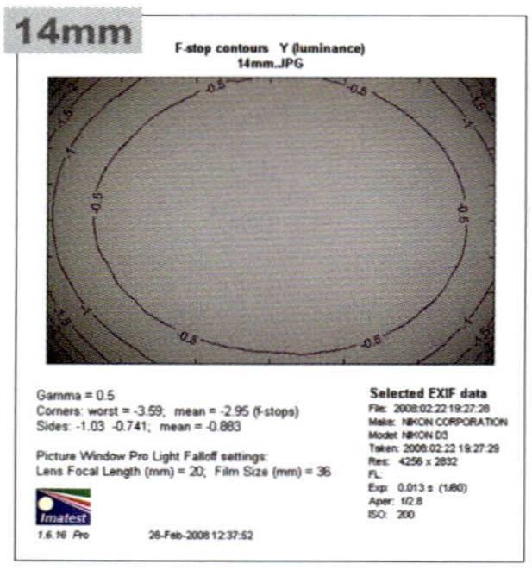

▲Imatest分析结果：最大光圈时有3.59级最大失光及2.95级平均失光。

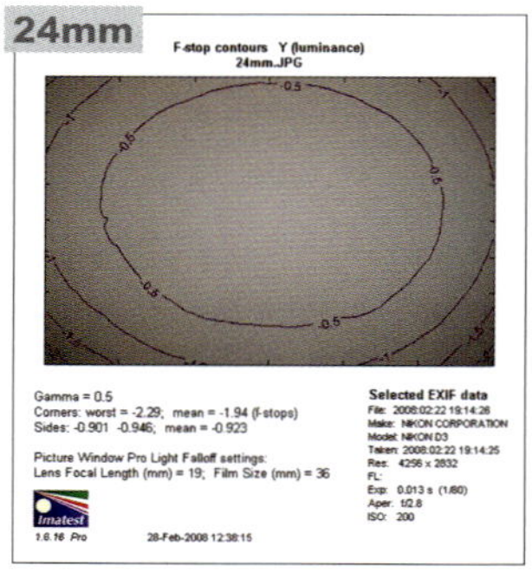

▲Imatest分析结果：最大光圈时有2.29级最大失光及1.94级平均失光。

测试后记

此镜的出现，配合FX全画幅D-SLR，加上另外两支全新大光圈变焦镜，可说是每位“有能力”摄影人士的最佳组合，任何拍摄题材，都一一应付自如。在DX格式上，虽然此镜会比AF-S 12-24mm f/4G DX价钱多了一倍，但在全画幅的升级趋势中，只能对应DX的Nikkor 12-24mm f/4，延续性不足，倒不如现在便短痛一会，来个“一步登天”，既可刺激升级为FX机身用户的欲望，亦可尝到高质超广角的魅力。AF-S 14-24mm f/2.8唯一的不足，可能就是不能使用偏光镜，使喜爱风景摄影的人，在买镜时感到丝丝的阻力。

SPEC.

AF-S Nikkor 14-24mm f/2.8G ED

镜片结构：11组14片
对角线视角：114°-80°
最大光圈：f/2.8
最小光圈：f/22
光圈叶片：9片（圆形）
最近对焦：0.28m
放大率：0.15X
对焦系统：SWM马达
防震级数：不支持
遮光罩：花瓣型（固定相连）
滤镜尺寸：不支持
直径：98mm
长度：131.5mm
重量：1kg

编辑评分

影像质量：★★★★★　对焦效能：★★★★★　专业性质：★★★★★　机动性：★★★★　价性比：★★★★

每项评分最高5★

AF-S Nikkor 14-24mm f/2.8G ED拍摄示范

拍摄者：Vic WONG
机身：Nikon D3
镜头：AF-S Nikkor 14-24mm f/2.8G ED
光圈：f/14
快门：1/200秒
感光度：ISO 200
白平衡：Auto WB
焦距：14mm

入门全画幅广角变焦镜

Ai AF Zoom-Nikkor ED 18-35mm f/3.5-4.5D（IF）

参考售价：3699元

*资料由锐意于2009年12月15日提供

合适拍摄题材

· 风景
· 旅游
· 建筑
· 抓拍

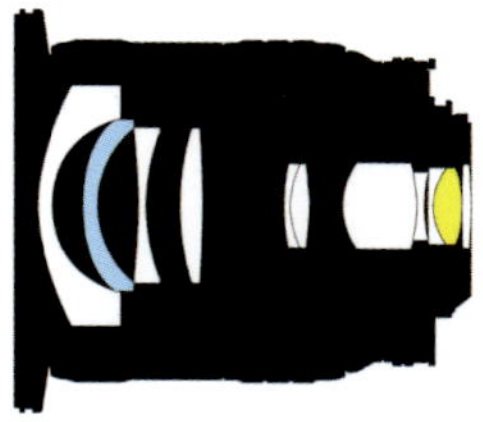

■：非球面镜片
■：ED 光学玻璃镜片

▲镜片结构：8组11片（1片非球面及1片ED透镜）

二线命

此镜于2000年推出，不过其身世也有点可怜，多年来都是尼康用户捧为“镜皇代替版”。先是AF-S 17-35mm f2.8D的“平价版”，后因DX D-SLR的掘起，在1.5X裁切倍率下，成了D-SLR的“暂代版”标准变镜。直至AF-S DX 18-70mm推出后，此镜的主要用途才返回全画幅胶卷相机，但却因胶卷相机开始式微而潮潮被打入冷宫。直至首部FX D-SLR D3和D700先后公布后，此镜才慢慢再被重视。原因在于此镜在价钱及机动性上十分出色，只要用户用它来“专注”拍摄风景照，主力以其f/8至f/11光圈发挥最佳表现，效果与镜皇AF-S 14-2mm f/2.8G相距不远。

旅游摄影最佳之选

此镜采用的8组11片的光学设计，在第2片及第10片分别为非球面镜片及低色散ED镜片，用以抑制球面像差及色散之形成。可惜在后页的实测报告中，此镜在变形控制方面却未如理想，由18mm至35mm都出现桶状变形，尤其18mm时特别严重。但它的机动性可谓无可匹敌，若同时配合AF-S VR 24-120mm f/3.5-5.6G IF-ED，用来旅行会是极佳的配搭。另外，此镜采用的对焦系统是内对焦（IF）设计，但并非最流行的SWM超声波马达，要依靠机身推动。因为镜片不重和行程不长，所以在顶级机身上的AF速度不俗，但就不能在D5000和D3000等入门D-SLR上运作，变成了一支手动镜。

▲虽然最大光圈没有f/2.8那么大，但滤镜尺寸仍有77mm，和其他专业镜皇看齐。

▲最近对焦0.33m，若在FX机身上使用，难以做到“大头狗”的效果。但若在DX机身上当做“标准镜”使用，却十分实用。

▲镜尾的光圈环，令此镜不但对应D-SLR，亦能够在FM2和FM3A上使用。

Ai AF Zoom-Nikkor ED 18-35mm f/3.5-4.5D（IF）质量测试

SFR解像度测试

总括来说，此镜的解像力表现以28mm作为分水巅。在28mm前，成积颇为一般，尤其超广角部分，中央跟边缘之解像力相距甚远，全开光圈下之边缘位置的成像甚为松散，要把光圈收至f/11才有较佳的表现。在28mm及35mm时，却是出奇好，中央跟边缘之得分差距不远。

光圈值	最大光圈	f/4	f/5.6	f/8	f/11	f/16	f/22
18mm							
中央	1899LW/PH（f/3.5）	1959LW/PH	1991LW/PH	2011LW/PH	2080LW/PH	2104LW/PH	1967LW/PH
边缘	1132LW/PH（f/3.5）	1126LW/PH	998LW/PH	1418LW/PH	1941LW/PH	2101LW/PH	1824LW/PH
24mm							
中央	1871LW/PH（f/4）	2052LW/PH	2097LW/PH	2163LW/PH	2112LW/PH	2006LW/PH	1949LW/PH
边缘	973LW/PH（f/4）	1385LW/PH	1853LW/PH	2095LW/PH	1972LW/PH	1915LW/PH	1852LW/PH
28mm							
中央	2127LW/PH（f/4.2）	2120LW/PH	2100LW/PH	2114LW/PH	2048LW/PH	2010LW/PH	1937LW/PH
边缘	1738LW/PH（f/4.2）	1765LW/PH	1990LW/PH	2001LW/PH	1955LW/PH	1882LW/PH	1884LW/PH
35mm							
中央	1975LW/PH（f/4.5）	2102LW/PH	2105LW/PH	2075LW/PH	2101LW/PH	2001LW/PH	1843LW/PH
边缘	1772LW/PH（f/4.5）	1842LW/PH	2030LW/PH	1959LW/PH	1964LW/PH	1883LW/PH	1788LW/PH

四角失光测试

在关闭FX机身的边晕控制功能下，此镜在18mm的失光问题较为严重，要把光圈缩至f/8后才把失光量减至1级的范围之内；在35mm时的问题相对较轻，只要缩小一至两级光圈后更有明显的改善。开启了边晕控制功能，明显大有帮助。

关闭边晕控制

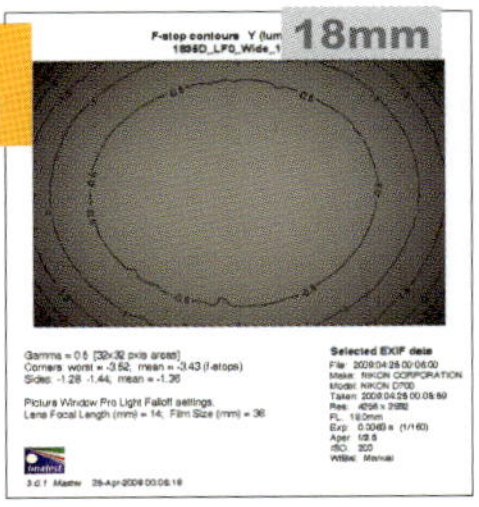

▲Imatest分析结果：最大光圈时有3.43级平均失光。

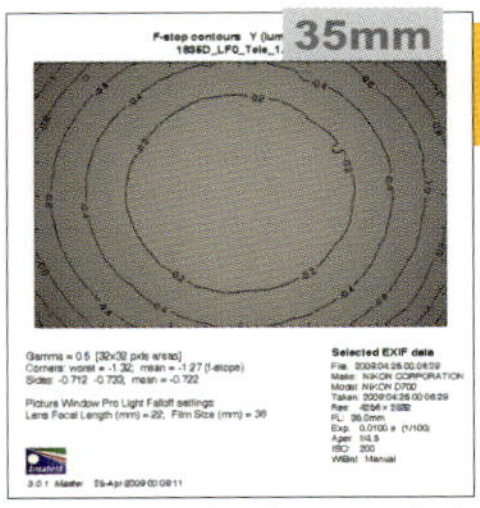

▲Imatest分析结果：最大光圈时有1.27级平均失光。

开启边晕控制

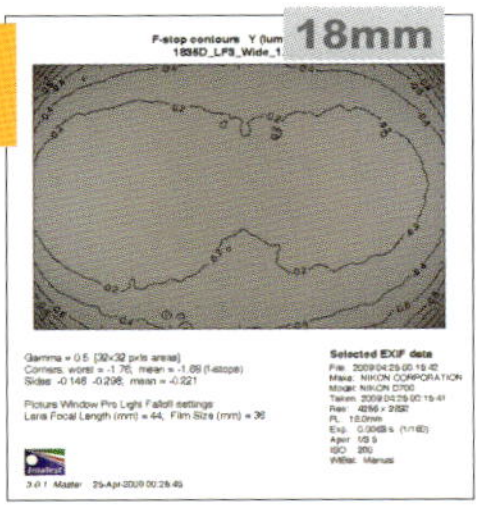

▲Imatest分析结果：最大光圈时有1.68级平均失光。

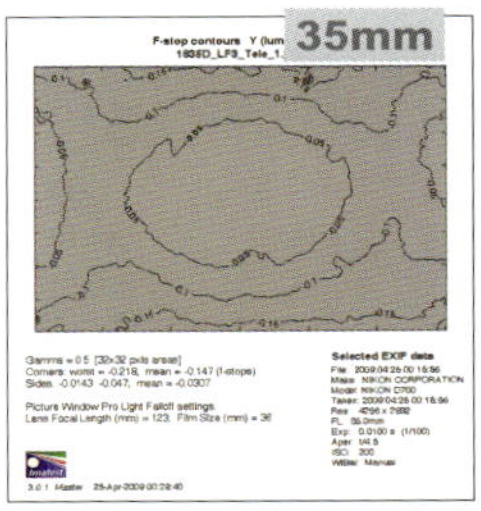

▲Imatest分析结果：最大光圈时有0.147级平均失光。

变形控制测试

变形控制是此镜表现较差的地方，其桶状变形甚为明显，尤其在广角端的18mm就非常明显。虽然提升焦距会减低变形程度，但在35mm时仍有轻微的桶状变形。

18mm

◀变形问题：严重的桶状变形

35mm

◀变形问题：轻微的桶状变形

测试后记

Nikon FX机身适用的轻巧超广角变焦镜的选择其实不多，撇除此镜和AF-S 14-24mm f/2.8G外，便只有副厂的。尽管此镜在解像力及变形控制都不及新款镜头，但其370g重量却带来了极高的机动性，而且其平易近人的定价和原厂镜的身份，为不少原厂支持者带来一个最平的超广角变焦镜之选，仍甚有一定的市场价值。当然，平价就要某程度上做出取舍，就是用者需要对最佳成像光圈为f/8-f/11的事实妥协吧！

SPEC.

Ai AF Zoom-Nikkor ED 18-35mm f/3.5-4.5D（IF）

镜片结构：8组11片
对角线视角：100˚ -62˚
最大光圈：f/3.5-4.5
最小光圈：f/22
光圈叶片：7片（圆形）
最近对焦：0.33m
放大率：0.15X
对焦系统：机身马达
防震级数：不支持
遮光罩：HB-23花瓣型（随镜附送）
滤镜尺寸：77mm
直径：82.5mm
长度：82.5mm
重量：370g

编辑评分

影像质量：★★★　对焦效能：★★★★　专业性质：★★★★　机动性：★★★★★　价性比：★★★★

每项评分最高5★

Ai AF Zoom-Nikkor ED 18-35mm f/3.5-4.5D（IF）拍摄示范

拍摄者：Stephen LAU
机身：Nikon D700
镜头：Ai AF Zoom-Nikkor ED 18-35mm f/3.5-4.5D（IF）
光圈：f/6.3
快门：1/80秒
感光度：ISO 200
白平衡：Auto WB
焦距：18mm

新生中段镜皇

AF-S Nikkor 24-70mm f/2.8G ED

合适拍摄题材

- 风景
- 人像
- 商品
- 新闻报道
- 抓拍

□：Aspherical lens elements
□：ED glass elements

▲镜片结构：11组15片（3片非球面、3片ED透镜及1面NC镀膜）

参考售价：12990元

*资料由锐意于2009年12月15日提供

镜皇中坚

此镜挟新一代广角中段镜皇之名，比上代的有更广角的24mm焦距，是FX格式全画幅机身的最佳拍档。这支Nikon新一代广角中段镜皇，绝对值得Nikon发烧友期待已久，它令构图弹性比上代镜皇增加不少。新镜虽然没有采用IZ内变焦设计，只IF内对焦设计，在变焦时镜筒会前后伸展，最高增长约1/5长度。值得注意的是在24mm焦距时镜筒的长度会是最长；相反，在70mm焦距时镜筒会是最短，这比较特别。若论外形，可算是这支新任镜皇另一个大突破，感觉就像“小黑6”的短小版，与其他品牌的同类型镜相比，十分纤细，但却重量十足。它与AF-S 14-24mm及“小黑6”合组一条完美的f/2.8大光圈变焦镜皇军团。

高速与高质

很多人关心的对焦表现来说，作者在拍摄澳门方程式赛车中，此镜可说大发神威，向着比赛中的F3赛车，追焦连拍游刃有余。有一点可以肯定的，就是多付了的一点钱，是实实在在地换来更高对焦速度和更上成的画质。在光学设计上，它使用了3片ED镜、3片非球面及1面NC纳米结晶镀膜，都是针对数码机身的高反光感光元件而设。尤其当中的纳米结晶镀膜（Nano Crystal Coat），形成一个多孔和较不密集的结构，比常规构造的典型多层镀膜有更低的折射率，能减低镜头内部的反射光及鬼影现象。镜头卡口转以G系列设计，减去传统的手动光圈环，令此镜被明确标明是专为D-SLR而设。

▲与其他镜头不同，此镜的遮光罩安装不是常见地在滤镜圈之外，而是在镜筒之上（箭头示），所以即使变焦会令前组镜片突出移动，遮光罩亦不会前后移动，保护性高。

▲镜头卡口附上的防尘防水胶圈，配合D3和D3X等机皇，能在全天候环境如常拍摄。

▲此镜在广角端的24mm时，镜身长度最长，在70mm远摄端时却是最短。

拓展阅读

第一支NC镀膜技术镜头

早期的手动“饼镜”Ai Nikkor 45mm F2.8P已随镜附送一块专用的52mm NC滤镜，但真正把NC技术应用在内部镜片的镜头，是在2005年推出的AF-S VR Nikkor 300mm f/2.8G IF-ED。

AF-S Nikkor 24-70mm f/2.8G ED质量测试

SFR解像度测试

解像力方面，此镜头的广角端表现比远摄端好，而且表现出色。但论令人最为惊喜的地方，相信是全部焦距的最大光圈表现，也有稳定的得分成绩，而且与最佳光圈相差不远。

	f/2.8	f/4	f/5.6	f/8	f/11	f/16
24mm						
中央	1825LW/PH	1969LW/PH	1896LW/PH	2090LW/PH	1870LW/PH	1833LW/PH
边缘	1765LW/PH	1732LW/PH	1621LW/PH	1963LW/PH	1813LW/PH	1868LW/PH
50mm						
中央	1700LW/PH	1866LW/PH	1879LW/PH	2042LW/PH	1829LW/PH	1812LW/PH
边缘	1704LW/PH	1762W/PH	1761LW/PH	1946LW/PH	1764LW/PH	1733LW/PH
70mm						
中央	1925LW/PH	1780LW/PH	1879LW/PH	2068LW/PH	1843LW/PH	1779LW/PH
边缘	1509LW/PH	1163LW/PH	1224LW/PH	1887LW/PH	1798LW/PH	1796LW/PH

变形控制测试

镜头在24mm及70mm端，分别出现明显的桶状及轻微的枕状变形。

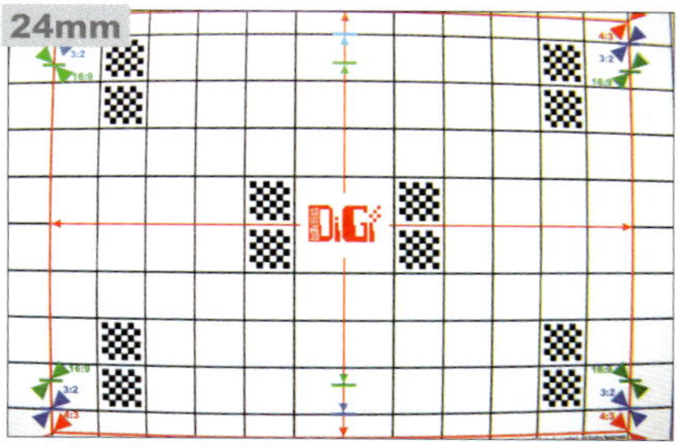

▲变形问题：轻微的桶状变形

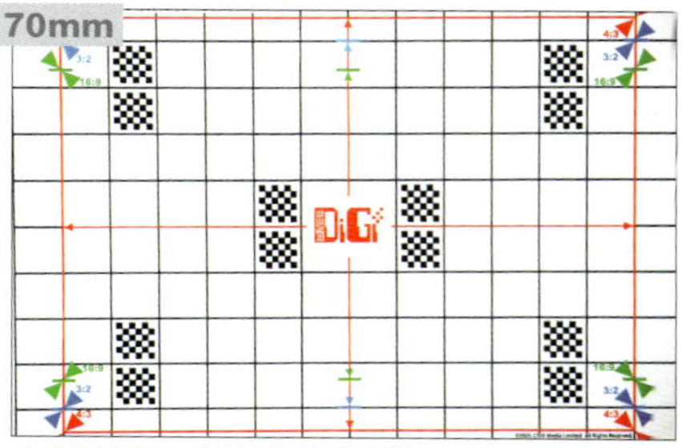

▲变形问题：轻微的桶状变形

四角失光测试

虽然镜头的解像度很高，但失光控制只是一般。24mm的最大光圈边缘位置有2.86级的平均失光。幸好只要稍收一级光圈后，失光问题便已大幅改善。

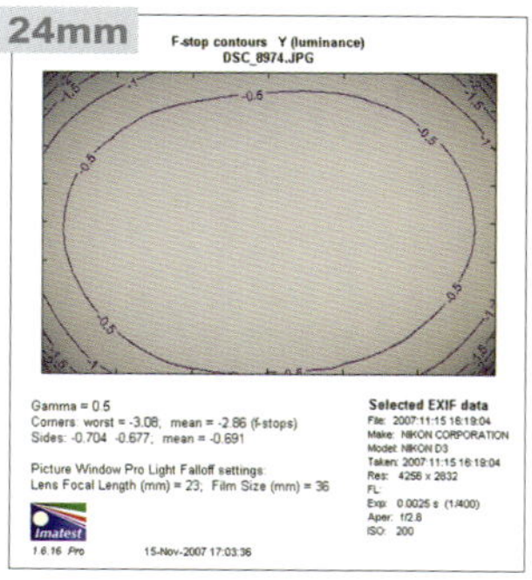

▲Imatest分析结果：最大光圈时有3.08级最大失光及2.86级平均失光。

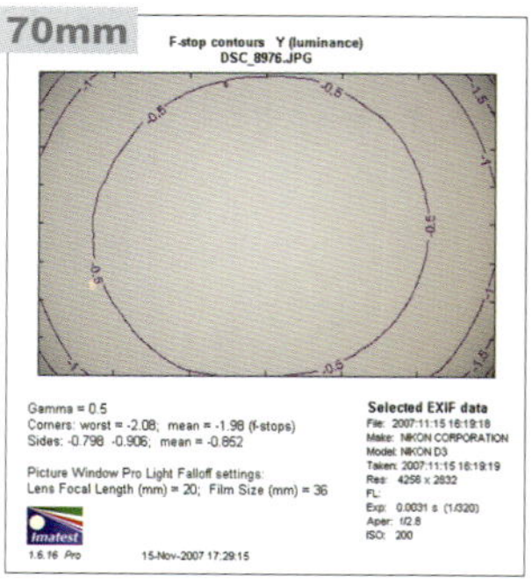

▲Imatest分析结果：最大光圈时有2.08级最大失光及1.98级平均失光。

测试后记

初看到Nikon震撼推出这支镜皇，心情已经非常振奋，当有机会亲手一试，就更加感受到这支镜头的威力。坦白说，在自己已测试过的多支Nikon镜头中，比较下会给予这支镜头相当高的评价。大家不要以为它规格高，所以才这样说。所谓"可用"的f/2.8大光圈实在可遇不可求，此镜在最大光圈下中央及边缘位置，解像力出色得叫人惊喜，再加上变形控制、抗逆光、对焦速度也有上佳的表现，称得上是难求的好镜。诚然此镜定价不低，在市场考虑下，自己反而好奇，Nikon为何"未"在此镜上加上VR防手震系统，是否意味著将来会推出一支焦距相约，但拥有VR系统的恒定f/4光圈镜头呢？一切都只是估计，有兴趣的用户还是拭目以待Nikon的市场策略吧！

SPEC.

AF-S Nikkor 24-70mm f/2.8G ED

镜片结构：11组15片
对角线视角：84° - 34° 20'
最大光圈：f/2.8
最小光圈：f/22
光圈叶片：9片（圆形）
最近对焦：0.38m
放大率：0.27X
对焦系统：SWM马达
防震级数：不支持
遮光罩：HB-40花瓣型（随镜附送）
滤镜尺寸：77mm
直径：83mm
长度：133mm
重量：900g

编辑评分

影像质量：★★★★★ 对焦效能：★★★★★ 专业性质：★★★★★ 机动性：★★★★ 价性比：★★★★★

每项评分最高5★

AF-S Nikkor 24-70mm f/2.8G ED拍摄示范

拍摄者：Sam YAU
机身：Nikon D700
镜头：AF-S Nikkor 24-70mm f/2.8G ED
光圈：f/6.7
快门：1/125秒
感光度：ISO 200
白平衡：Custom WB
焦距：50mm

Macro功能搭载

Ai AF Zoom-Nikkor 24-85mm f/2.8-4D（IF）

合适拍摄题材
- 风景
- 人像
- 旅游
- 商品
- 抓拍

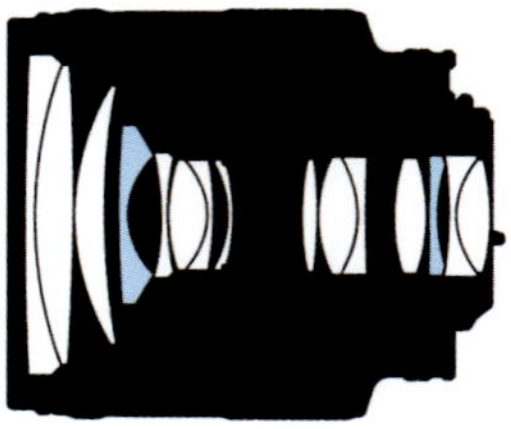

■: Aspherical lens elements

▲镜片结构：11组15片
（2片非球面透镜）

参考售价：4059元

*资料由锐意于2009年12月15日提供

24mm专家

在2000年前，正当各大厂商仍专注推出28mm开首的中距变焦镜头时，Nikon却在多年前极前卫地推出24mm起首的AF 24-120mm f/3.5-5.6D。虽然24-120mm在焦距均拥有压倒性优势，然而亦有不少用户因其较小的光圈值在AF效能和景深效果上的不足而感到沮丧。而在2000年推出的此镜，正好回应了这群用户的诉求。此镜除了在最大光圈及焦距上取得一个平衡外，它似乎也打破了Nikon非一线标准镜只有f/3.5-4.5光圈的常规。在昏暗环境下，此镜大了半级的光圈对于拍摄和AF也有一定程度的帮助。

近摄加持

除了焦距实用，和大一点的光圈外，此镜还拥有1:2的强劲近摄能力，这是Nikon于中距变焦镜头中首支拥有如此强劲近摄能力的。Macro功能的好评令其后推出的AF Zoom-Nikkor 28-105mm f/3.5-4.5D亦继续沿用。虽然镜头优点众多，然而镜头解像力仅属一般。在FX D-SLR推出前，此镜只有搭配在DX D-SLR之上，变成了尴尬的36-127.5mm焦距，令拍摄方便性大减。幸好D3和其他FX机身已经推出，让这支“方便镜”得以好好发挥。

▲在变焦时，镜身会大幅伸长，尘埃容易进入镜筒内。

▲此镜是首支拥有花瓣型遮光罩的中级镜头。

▲此镜的变焦环特别宽阔，使用时手感颇佳。

拓展阅读

最强的1:2放大率

此镜是Nikon首支拥有1:2强劲近摄能力的变焦镜头，亦是首支拥有花瓣型遮光罩的中级镜头。同时一改以往中级镜头最大光圈值为f/3.5-4.5的习惯，变成f/2.8-4。

Ai AF Zoom-Nikkor 24-85mm f/2.8-4D（IF）质量测试

SFR解像度测试

就测试结果来看，镜头解像力平均，但表现实属一般，而最好表现的为f/8光圈，广角端的解像力亦比远摄端好。不过因为有f/2.8-f/4的大光圈，解像力方面可能要将就一下了。

	最大光圈	f/4	f/5.6	f/8	f/11	f/16
24mm						
中央	1707LW/PH(f/2.8)	1747LW/PH	1694LW/PH	1711LW/PH	1688LW/PH	1668LW/PH
边缘	1353LW/PH(f/2.8)	1747LW/PH	1537LW/PH	1629LW/PH	1601LW/PH	1654LW/PH
85mm						
中央	1611LW/PH(f/4)	N/A	1780LW/PH	1730LW/PH	1676LW/PH	1521LW/PH
边缘	1327LW/PH(f/4)	N/A	1412LW/PH	1555LW/PH	1589LW/PH	1496LW/PH

变形控制测试

在广角端时有轻微的桶状变形的问题，至于远摄端亦看到轻微的枕状变形情况。

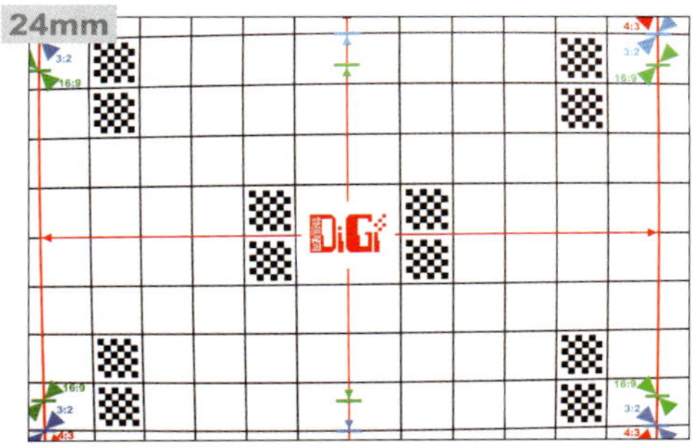

▲变形问题： 轻微的桶状变形

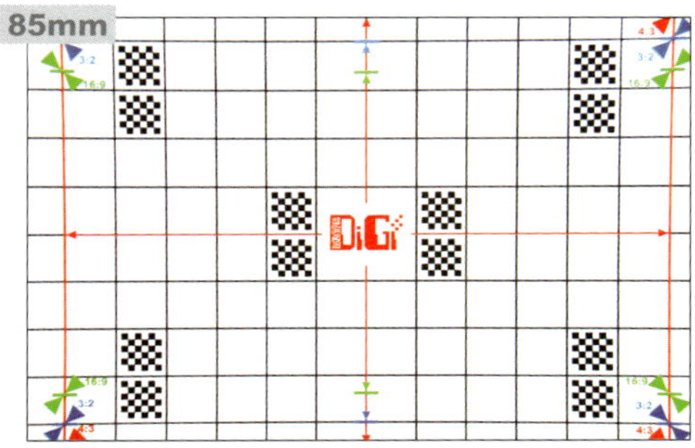

▲变形问题： 轻微的桶状变形

四角失光测试

在失光控制上，此镜的失光情况颇为明显，例如24mm及85mm端分别录得平均1.97级及1.13级的失光。如果对于黑角问题颇为介意的，最好尽量少用最大光圈拍摄，而把光圈稍收一下，问题会自然有所改善。

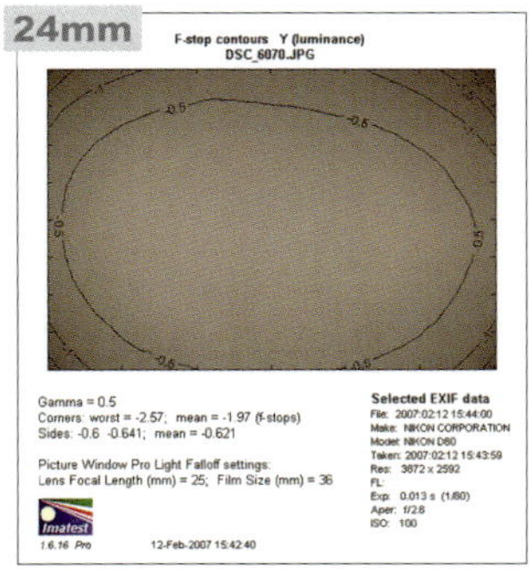

▲Imatest分析结果：最大光圈时有2.57级最大失光及1.97级平均失光。

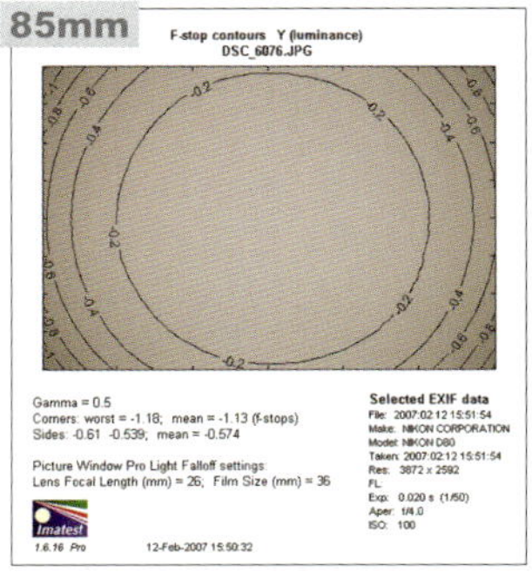

▲Imatest分析结果：最大光圈时有1.18级最大失光及1.13级平均失光。

测试后记

如果本身是胶卷时代已投身Nikon的用户，相信对这支镜头不会感到陌生，亦可能已是你收藏之列内。但人总是贪心的，买镜头时总是想功能要多又要便宜，最好广角及远摄兼备，而且有大光圈及微距拍摄功能。Nikon又怎会不知道大家的诉求？因此，这支镜头便应运而生，随后更成为超热卖型号。事实我也知道这支镜头的光圈够大够实用，微距能力亦相当优秀，达到1:2超强的放大率。不过时代是不停在变，SWM马达已变得常见，恒定光圈和VR系统又好像成为优质镜头的必备条件，只希望此镜能在不久的将来得到转生。

Ai AF Zoom-Nikkor 24-85mm f/2.8-4D（IF）

SPEC.

- 镜片结构：11组15片
- 对角线视角：84° - 28° 30'
- 最大光圈：f/2.8-4
- 最小光圈：f/22
- 光圈叶片：9片（圆形）
- 最近对焦：0.21m
- 放大率：0.5X
- 对焦系统：机身马达
- 防震级数：不支持
- 遮光罩：HB-25花瓣型
- 滤镜尺寸：72mm
- 直径：78.5mm
- 长度：82.5mm
- 重量：545g

编辑评分

影像质量：★★★★ 对焦效能：★★★★ 专业性质：★★★★ 机动性：★★★★ 价性比：★★★★

每项评分最高5★

Ai AF Zoom-Nikkor 24-85mm f/2.8-4D（IF）
拍摄示范

拍摄者：Gary PANG
机身：Nikon D80
镜头：Ai AF Zoom-Nikkor 24-85mm f/2.8-4D（IF）
光圈：f/8
快门：1/250秒
感光度：ISO 200
白平衡：Auto WB
焦距：56mm（84mm相对焦距）

旅者至爱

AF-S VR Zoom-Nikkor ED 24-120mm f/3.5-5.6G（IF）

参考售价：3999元

*资料由锐意于2009年12月15日提供

合适拍摄题材

- 风景
- 人像
- 旅游
- 商品
- 抓拍

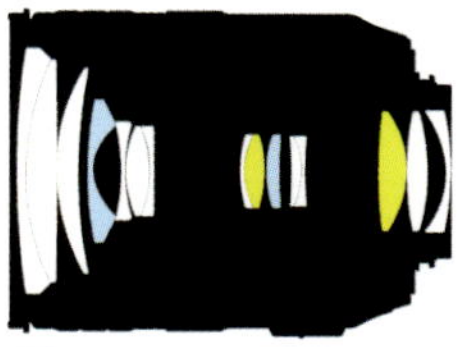

: ED glass elements
: Aspherical lens elements

▲镜片结构：13组15片（2片非球面、2片ED透镜）

远游必备

这支镜于2003年PMA推出，日子虽然已久，但一直受到酷爱旅游摄影人士爱戴。它是Nikon的同段焦距AF镜头的第二代型号，亦是Nikon首支拥有VR光学防震功能的广角变焦镜头。在FX格式D-SLR的诞生和急速崛起下，此镜再次成为热门的标准变焦镜。此镜虽然加入了SWM马达和VR防震系统，但体积跟上代型号相仿。虽然此镜在DX格式D-SLR上，变成一支相对焦距只有36-180mm变焦镜，但只要配合DX 12-24mm超广角镜，便能完全衔接和互补不足。但若要做到一机一镜任纵横，便要和FX机身配合才能成事。事实上，当D3和D700推出和热卖的同时，各人都在找这“无敌”焦段，令此镜再度热卖。

FX与DX的比较

此镜采用第一代VR减震系统，虽然只有3级快门补偿能力，在没有三脚架的辅助下，手定一点都勉强能手持拍摄夜景。内藏2片ED镜片及2片非球面镜片，可减低色散及变形问题，在高反差边缘位置抑制紫边表现都相当不错，有着很好的色彩还原。对比“D镜”年代只有两片玻璃模造及混合式非球面镜片，Nikon在此镜的开发上明显花了不少功夫。然而，亦有些DX机身用户会把它和AF-S DX Nikkor 16-85mm f/3.5-5.6G ED VR比较，用过两镜后都会感到DX 16-85VR之成像质量真的太出色了。但始终此镜是能够用在FX机身上，推出时代愈后，科技优势便愈好，这是不变的事实。在此镜推出II代版之前，笔者只可说道：“DX用户太幸福了！”

▲此镜是“G镜”系列的先峰部队，推出时大受F5和F100等高级胶卷机身用户的喜爱。

▲在焦距增长的同时，镜身亦会同时延伸，最后到了120mm时差不多增长了1/3。

▲在2003年，此镜的SWM马达和VR系统，提供了M/A全时手动和3级快门补偿，绝对是个最强增值功能组合。

拓展阅读

VR光学防震功能的首见？

于2003年推出的此镜是Nikon首支拥有VR光学防震功能的广角变焦镜头。虽然同时加入AF-S宁静波动马达，但体积仍能与一代保持相约，亦是同时使用72mm滤镜。

AF-S VR Zoom-Nikkor ED 24-120mm f/3.5-5.6G（IF）质量测试

SFR解像度测试

由测试可见此镜的中央解像力表现十分平均，广角端的边缘得分则受光圈影响，全开光圈时边缘会较松散，令解像力得分较低，要把光圈缩至f/8或以后才有一个合理的水平。至于在120mm望远端时，表现不及广角端好，尤其边缘位置的解像力更甚。

	最大光圈	f/4	f/5.6	f/8	f/11	f/16	f/22	最小光圈
24mm								
中央	1,877 LW/PH（f/3.5）	1,785 LW/PH	1,837 LW/PH	1,858 LW/PH	1,830 LW/PH	1,753 LW/PH	N/A	1,645 LW/PH（f/22）
边缘	1,317 LW/PH（f/3.5）	1,057 LW/PH	1,725 LW/PH	1,848 LW/PH	1,865 LW/PH	1,846 LW/PH	N/A	1,749 LW/PH（f/22）
35mm								
中央	1661 LW/PH（f/4）		1,765 LW/PH	1,865 LW/PH	1,809 LW/PH	1,858 LW/PH	1,741 LW/PH	1,758 LW/PH（f/25）
边缘	1739 LW/PH（f/4）		1,850 LW/PH	1,893 LW/PH	1,925 LW/PH	1,856 LW/PH	1,740 LW/PH	1,712 LW/PH（f/25）
70mm								
中央	1,785 LW/PH（f/5.3）		1,774 LW/PH	1,795 LW/PH	1,811 LW/PH	1,699 LW/PH	1,577 LW/PH	1,634 LW/PH（f/32）
边缘	1,532 LW/PH（f/5.3）		1,048 LW/PH	1,262 LW/PH	1,705 LW/PH	1,691 LW/PH	1,592 LW/PH	1,613 LW/PH（f/32）
120mm								
中央	1,798 LW/PH（f/5.6）			1796 LW/PH	1,791 LW/PH	1,776 LW/PH	1,703 LW/PH	1,342 LW/PH（f/36）
边缘	1,184 LW/PH（f/5.6）			1200 LW/PH	1,284 LW/PH	1,563 LW/PH	1,320 LW/PH	1,254 LW/PH（f/36）

四角失光测试

此镜的失光问题算是轻微，在24mm全开光圈时，平均失光为2.32级，只要把光圈收至f/5.6之后，角位失光已改善至肉眼近乎不能察觉。至于望远端的120mm，失光情况对比之下来得较轻，把光圈收至f/8就能明显改善黑角。

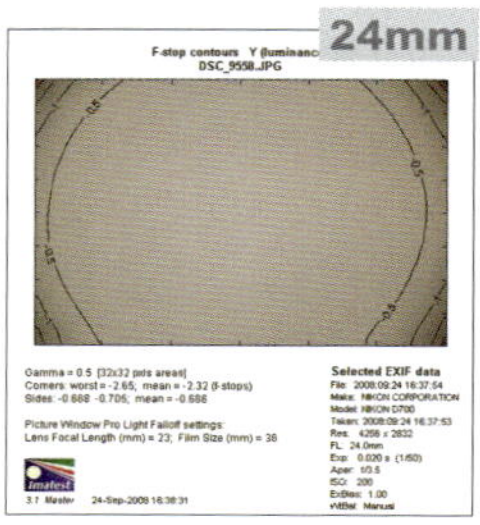

▲Imatest分析结果：最大光圈时有2.65级最大失光及2.32级平均失光。

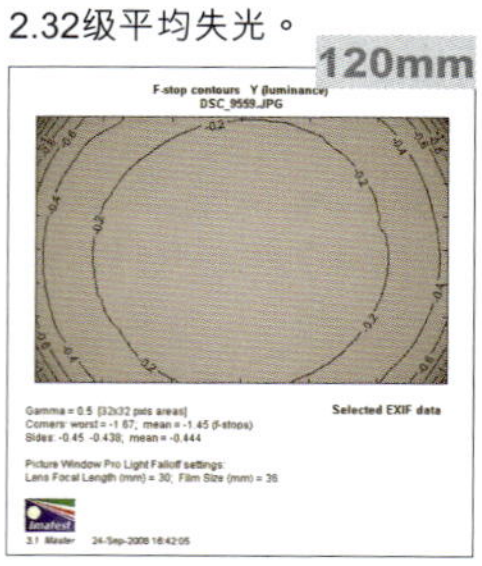

▲Imatest分析结果：最大光圈时有1.67级最大失光及1.45级平均失光。

变形控制测试

镜头的广角端有明显的桶状变形，拍摄时也会察觉到。但只要轻轻扭至35mm或之后焦段，便变为出现轻微的枕状变形。

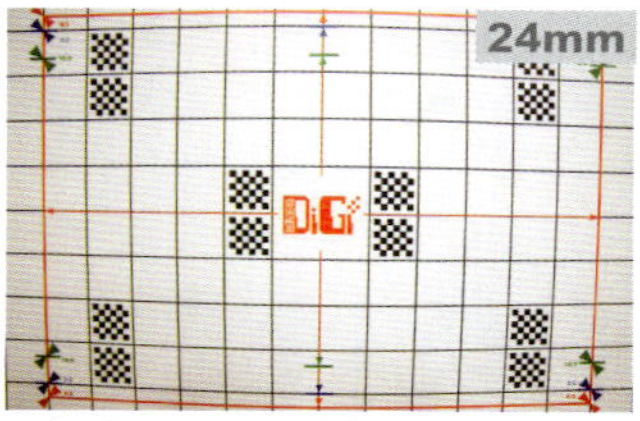

▲变形问题：明显的桶状变形

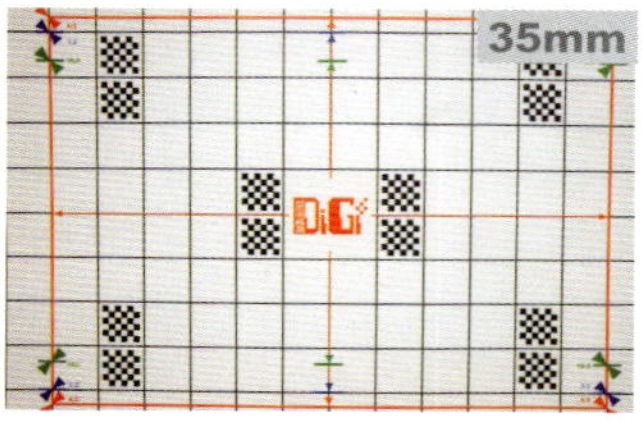

▲变形问题：轻微的枕状变形

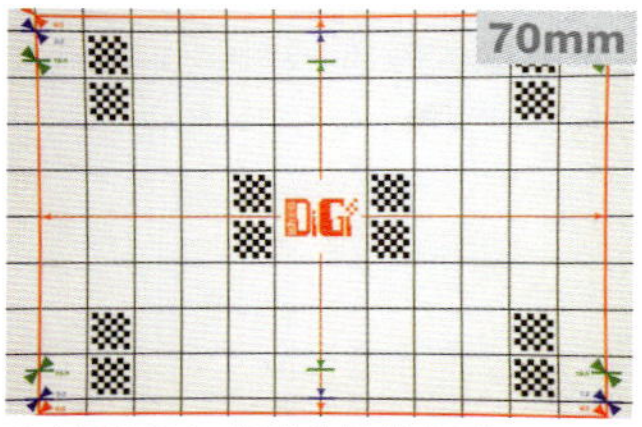

▲变形问题：轻微的枕状变形

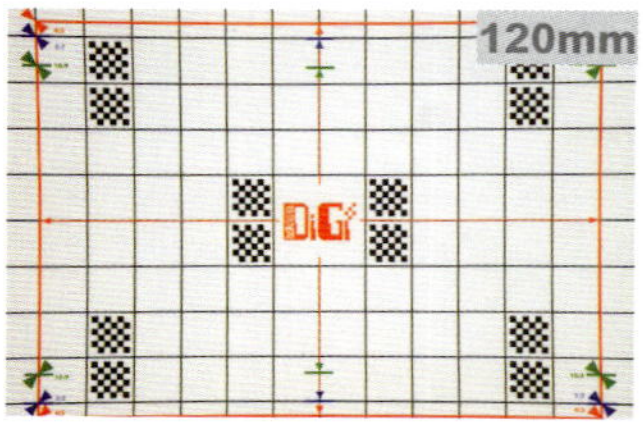

▲变形问题：轻微的枕状变形

测试后记

个人认为这支镜头可算得上十分超值，既有5倍变焦、SWM超声波马达和VR防震系统，但重量算不上重，手感扎实、做工出色，携带方便，立时印象分大增。配合2片ED镜片及2片非球面镜片，成本价值大大升级。虽然最大光圈略嫌小了一点，也不是恒定数值，不过备有防手震技术，算是弥补了一点不足。可惜放大只有0.21X，没有加入Macro功能。但整体而言十分适合旅游拍摄，即使是DX机身用户，只要配搭DX 10-24mm或DX 12-24mm，此镜在DX机身上的广角不足问题算是解决了。

SPEC.

AF-S VR Zoom-Nikkor ED 24-120mm f/3.5-5.6G（IF）

镜片结构：13组15片
对角线视角：84° - 20° 30'
最大光圈：f/3.5-5.6
最小光圈：f/22
光圈叶片：7片（圆形）
最近对焦：0.5m
放大率：0.21X
对焦系统：SWM马达
防震级数：3级
遮光罩：HB-25花瓣型（随镜附送）
滤镜尺寸：72mm
直径：77mm
长度：94mm
重量：575g

编辑评分

影像质量：★★★★　对焦效能：★★★★　专业性质：★★★★　机动性：★★★★　价性比：★★★★

每项评分最高5★

AF-S VR Zoom-Nikkor ED 24-120mm f/3.5-5.6G（IF）拍摄示范

拍摄者：Stephen LAU
机身：Nikon D700
镜头：AF-S VR Zoom-Nikkor ED 24-120mm f/3.5-5.6G（IF）
光圈：f/5.6
快门：1/60秒
感光度：ISO 640
白平衡：Auto WB
焦距：58mm

防震小黑5
AF-S VR Zoom-Nikkor ED 70-200mm F2.8G（IF）

合适拍摄题材
- 人像
- 花卉昆虫
- 商品
- 新闻报道
- 舞台表演

参考售价：13200元
*资料由锐意于2009年12月15日提供

: ED glass elements

▲镜片结构：15组21片（5片ED透镜）

镜王格局
此镜能保持多年皇牌长镜称号并非浪得虚名，从外表看已经分量十足，重量达1公斤多，强烈的金属质感，而且予人专业实在的感觉，当中的塑胶变焦环转动起来亦十分顺畅，没有碍手感觉。在DX D-SLR上使用时，焦距转换后达105-300mm，实实在在是一支出色的“拍鸟神镜”，是鸟类摄影不能或缺的镜头。虽然此镜已使用减去光圈环的G镜设计，降低成本，仍令此镜的成本高企，成为贵价镜头之列，一万多的售价，的确叫一批发烧友要再努力一点去赚钱。

上乘质量
此第五代“小黑”的光学镜片组合15组21片，其中5片为ED超低色散镜片，大大解决前代在远摄端时解像力无以为继的症状。亦显示了它的身价和出色成像、色散控制等强顽实力。除了光学出色，它所采用的SWM马达、IF内对焦和IZ内变焦系统亦功不可没。快而静的AF上，还兼备长镜头不可或缺的VR防震系统，提供三级快门的补偿效果，还有“Normal”（一般用途）及“Active”（追焦用）两种防震选项，全时作出最优质影像的构成原因。

▲除了原味黑色，还有少量白色版本供量。

▲全新设计的三脚架支架，设有快拆设计，让镜头能高速由脚架上拆除。

▲此镜前部设有对焦锁定键，令它成为体积最小重量最轻的AF利器。

拓展阅读

划时代的脚架托设计
首支备有光学VR防震功能的小黑系列，而脚架支架亦采以划时代的设计，即使卸下携带在相机袋内亦不占太多空间。

AF-S VR Zoom-Nikkor ED 70-200mm F2.8G（IF）质量测试

SFR解像度测试

不少人将“小黑五”当作成神明看待，究竟它的真正表现也是否有皇者风范呢？就测试结果，镜头整体都有不俗的解像力，在f/5.6开始已有高质的解像力，以f/8至f/11为最佳。至于焦距方面，“小黑五”在135mm后，依然能保持上佳的解像表现，这方面比“小黑三”为佳。

	f/2.8	f/4	f/5.6	f/8	f/11	f/16
70mm						
中央	1680LW/PH	1822LW/PH	1845LW/PH	2178LW/PH	1955LW/PH	1721LW/PH
边缘	1596LW/PH	1801LW/PH	1722LW/PH	1963LW/PH	1737LW/PH	1648LW/PH
135mm						
中央	1556LW/PH	1846LW/PH	1913LW/PH	2185LW/PH	1875LW/PH	1710LW/PH
边缘	1548LW/PH	1833LW/PH	1647LW/PH	1930LW/PH	1629LW/PH	1603LW/PH
200mm						
中央	1496LW/PH	1766LW/PH	1800LW/PH	1974LW/PH	1836LW/PH	1680LW/PH
边缘	1458LW/PH	1742LW/PH	1856LW/PH	1823LW/PH	1697LW/PH	1638LW/PH

变形控制测试

在70mm端出现轻微的桶状变形，至于远摄端就没有明显的变形的情况，变形控制令人满意。

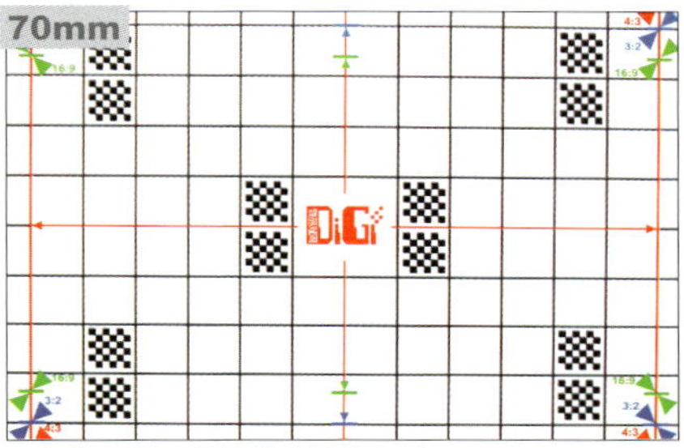

▲变形问题：极轻微的桶状变形

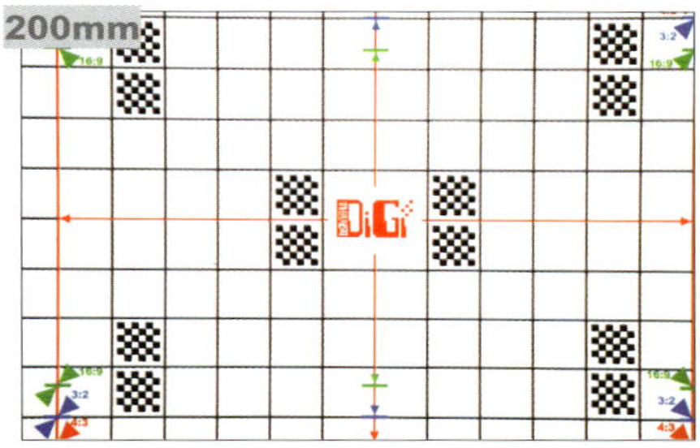

▲变形问题：不明显

四角失光测试

在失光控制上，镜头有镜皇级的表现，就算是f/2.8大光圈，边缘的失光情况依然极轻微。

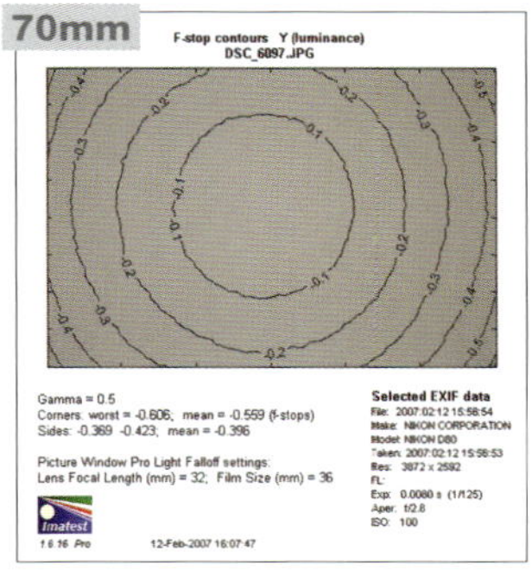

▲Imatest分析结果：最大光圈时有0.606级最大失光及0.559级平均失光。

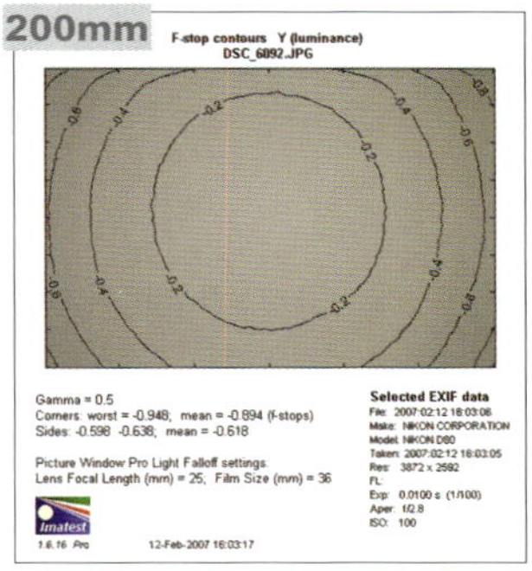

▲Imatest分析结果：最大光圈时有0.948级最大失光及0.894级平均失光。

测试后记

用过“小黑五”后你就会感到它的分量非同小可，因为它真的不轻。不过它的IF和IZ设计及SWM马达又确实令拍摄过程十分顺利。虽然重量十足，但它已比副厂的纤细很多。不过只要一举它，一样容易引起身旁途人的注意，“偷拍”时要走远一点了。不过它的价钱亦确实令人望而生畏。不过贵还是有其原因，皆因解像力的上乘和稳定，都是值得为好镜头而付出代价（金钱）。

SPEC.

AF-S VR Zoom-Nikkor ED 70-200mm F2.8G（IF）

镜片结构：15组21片
对角线视角：34° 20' - 12° 20'
最大光圈：f/2.8
最小光圈：f/22
光圈叶片：9片（圆形）
最近对焦：1.4m（MF时）
放大率：0.157X
对焦系统：SWM马达
防震级数：3级
遮光罩：HB-29花瓣型（随镜附送）
滤镜尺寸：77mm
直径：87mm
长度：215mm
重量：1.47kg

编辑评分

影像质量：★★★★★　对焦效能：★★★★★　专业性质：★★★★★　机动性：★★★★　价性比：★★★★★

每项评分最高5★

AF-S VR Zoom-Nikkor ED 70-200mm
F2.8G（IF）拍摄示范
拍摄者：Sam YAU
机身：Nikon D3
镜头：AF-S VR Zoom-Nikkor ED 70-200mm F2.8G（IF）
光圈：f/2.8
快门：1/180秒
感光度：ISO 200
白平衡：Auto WB
焦距：200mm

重料之作小黑6

AF-S Nikkor 70-200mm f/2.8G ED VR II

参考售价：15500元

*资料由锐意于2009年12月15日提供

合适拍摄题材

- 人像
- 商品
- 花卉昆虫
- 新闻报道
- 舞台表演

镜片结构：16组21片
对角线视角：34°20' - 12°20'
最大光圈：f/2.8
最小光圈：f/22
光圈叶片：9片（圆形）
最近对焦：1.4m
放大率：0.157X
对焦系统：SWM马达
防震级数：4级
遮光罩：HB-48花瓣型（随镜附送）
滤镜尺寸：77mm
直径：87mm
长度：205.5mm
重量：1.54kg

6年避世稳修

新镜王“小黑6”与上代“小黑5”的推出时间刚好相隔了6年，这6年正好是Nikon研发D-SLR过程中由开步至成熟的时期。最新一代的“小黑六”无论成像、做工，都与6年前的“小黑五”十分不同，不但外型有所改变，更引入了NC纳米结晶涂层、4级快门补偿能力的VR II防震技术等，镜片设计更一口气增添至7片ED特低色散镜片，较任何一支Nikkor长焦距大炮镜皇都更有诚意和称霸决心。

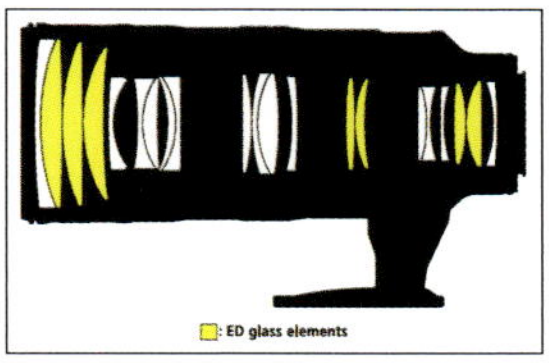

▲镜片结构为16组21片，当中的7片ED低色散镜片差不多占去了光学图中所有位置，亦代表“小黑6”的身价所在处。

首创A/M 微调焦点模式

“小黑5”的成功原因，除了因为在长焦距镜头上加入用户渴求已够的恒定大光圈及有效实用的防震功能外，还由于它的AF追焦表现出色，神速准确。虽然快，但亦有弱点存在，就是在AF时，虽然可以“如常”扭动对焦环，但这可能损耗SWM组件，厂方不建议这样做，但实用过后，不时会发现因长镜的超朦胧散景，有时候会令相位侦测AF系统判断不到AF方向，停滞不前，需要手动调向远或近一点的焦点位置，才能再做AF。“小黑六”就新增了A/M对焦模式，即使在连续追焦模式中，亦可透过新增的第二对焦环实现手动微调对焦，并以机身的AF系统做优先处理，如此人、机互补配合下，大大减低失焦和迷焦的情况，对焦速度自然能够节节上升。

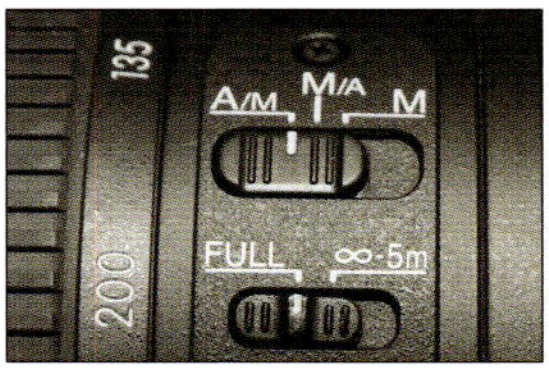

▲除了原来的M/A及A模式，新增的A/M模式支持在自动对焦工作途中，通过对焦环实现手动微调对焦，进一步强化“小黑”的对焦操作。

▲在镜身找到三个转环，最接近卡口的是变焦环，另外的都是手动对焦环，只是一个对应M/A模式，另一个对应A/M模式。

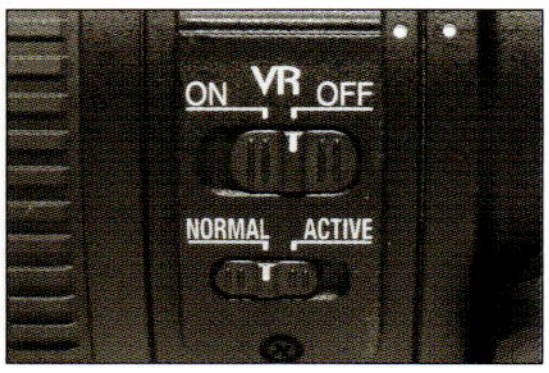

▲VR II防震系统能够补偿4级快门速度，理论上以1/15s快门速度手持拍摄200mm焦距都不成问题。

▲看清楚！“小黑六”是“Made in Japan”的，追求至高的用户必拍手掌。

▲沿用“小黑5”相同形式的三脚架支架快拆设计。

AF-S Nikkor 70-200mm f/2.8G ED VR II 拍摄示范

拍摄者：Stephen LAU
机身：Nikon D3X
镜头：AF-S Nikkor 70-200mm f/2.8G ED VR II
光圈：f/2.8
快门：1/40秒
感光度：ISO 500
白平衡：Auto WB
焦距：105mm

AF-S VR Zoom-Nikkor ED 70-300mm f/4.5-5.6G (IF)拍摄示范

拍摄者：Sam YAU
机身：Nikon D3
镜头：AF-S VR Zoom-Nikkor ED 70-300mm f/4.5-5.6G (IF)
光圈：f/8
快门：1/180秒
感光度：ISO 400
白平衡：Auto WB
焦距：70mm

元老级小黑3
Ai AF Zoom-Nikkor ED 80-200mm f/2.8D

参考售价：6899元

*资料由锐意于2009年12月15日提供

合适拍摄题材
- 人像
- 花卉昆虫
- 商品
- 新闻报道
- 舞台表演

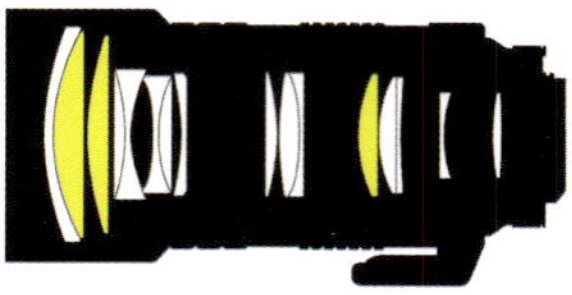

■：ED 光学玻璃镜片

▲镜片结构：11组16片（3片ED透镜）

小黑之名

这支镜在网上和影友讨论中常被唤作“小黑3”，原因是这是Nikon同类型AF镜的第三代。此镜推出多时，小黑之名亦已有了第6代的AF-S NIKKOR 70-200mm F2.8G ED VR II掌舵，但此镜仍然继续生产和销售，原因何在呢？除了因为此镜价钱比“小黑5”和“小黑6”便宜近一半以上外，便重要是此镜保留了“D镜”的光圈环设计。令此镜和“G镜”的VR版本合组两个不同系列——支持胶卷手动机和拥有数码优化。纵然，此镜是很多年前的产物，但解像力和色彩饱和度，以及其f/2.8恒定光圈设定，仍吸引不少D-SLR用户选用，尤其是那些预算有限的，但又不想选择副厂的用户。

价性比之王

不要看此镜的价格不高便看小，始终它是一代镜皇。当拿上手时，镜身感觉非常扎实，给人一种专业的感觉，而“小黑3”比“小黑6”轻上240g，不要小看这短短的差距，长时间使用肯定会感觉重量差距所导致的疲劳。虽然“小黑3”没有SWM宁静波动马达，但当安装在D3X或D700上，由机身马达推动下，AF焦速度亦不可小观，然而对焦时发出的吱吱声，又实在比SWM马达差一点......成像方面，此镜在135-200mm的一段成像较为松散，色散问题亦较明显，这亦是它所用科技比较早，亦比较亏欠的地方。纵然“小黑3”在目前数码化主导的时代，并非完美和最强，但以其纡尊降贵的身价和实用的规格，绝对是一支性价比极高的远摄镜头。

▲镜尾保留着光圈环，绝对是年轻手动胶卷机玩家最大吸引力。

▲虽没有M/A全时手动功能，但镜身设有的快速AF/MF转换环，同样方便。

▲当专注追焦远方，在镜首设有对焦范围设定键，可以减少转动行程，强加对焦速度。

拓展阅读

塑胶制遮光罩？

Nikon首支采用双转环及脚架托的小黑系列，同时从这一代开始由以往金属制的遮光罩，转为使用塑胶制的，好处是受到碰撞也不易变型。

Ai AF Zoom-Nikkor ED 80-200mm f/2.8D质量测试

SFR解像度测试

很多人都会以此镜与“小黑五”相比，不过在解像力表现，拥有新科技的“小黑五”难免会技高一筹。此镜整体表现平均，但谈不上完美无敌，至于最佳的光圈为f/8。最大光圈，以80mm端的中央和边缘同时较为可取。

	f/2.8	f/4	f/5.6	f/8	f/11	f/16
80mm						
中央	1603LW/PH	1631LW/PH	1746LW/PH	1834LW/PH	1628LW/PH	1622LW/PH
边缘	1509LW/PH	1620LW/PH	1552LW/PH	1679LW/PH	1470LW/PH	1508LW/PH
135mm						
中央	1513LW/PH	1503LW/PH	1518LW/PH	1704LW/PH	1622LW/PH	1567LW/PH
边缘	1470LW/PH	1468LW/PH	1468LW/PH	1592LW/PH	1613LW/PH	1420LW/PH
200mm						
中央	1296LW/PH	1512LW/PH	1658LW/PH	1682LW/PH	1586LW/PH	1523LW/PH
边缘	1056LW/PH	1426LW/PH	1500LW/PH	1611LW/PH	1381LW/PH	1334LW/PH

变形控制测试

此镜在广角端没有明显的变形出现，但当焦距增长至200mm时会出现轻微的枕状变形。

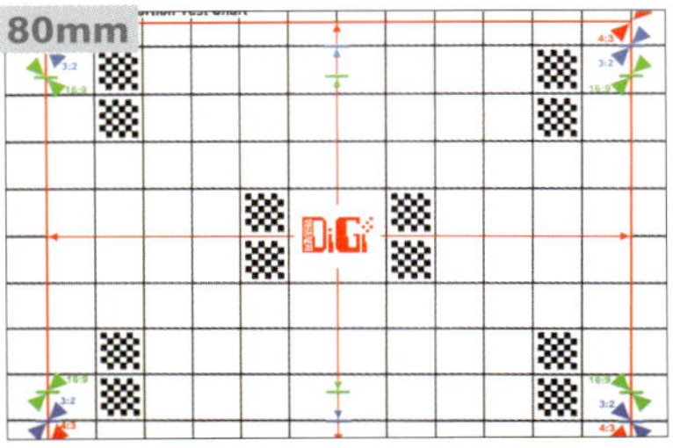

▲变形问题：不明显

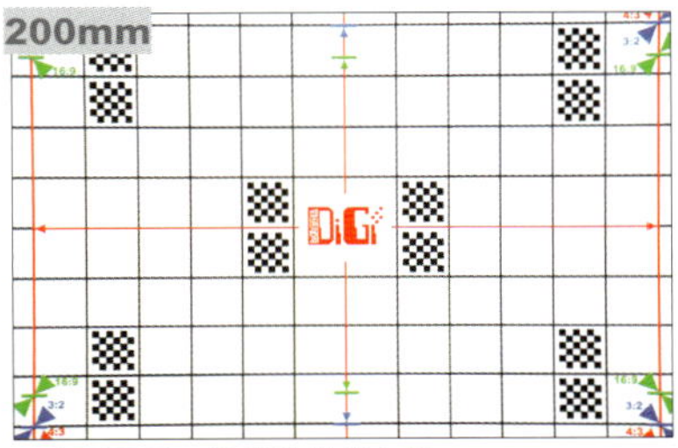

▲变形问题：轻微的枕状变形

四角失光测试

就失光情况来看，“小黑3”在控制失光上有优异的表现，在80mm及200mm端分别只录得0.545级及0.974级的失光，失光情况非常轻微，一般拍摄亦不易察觉。

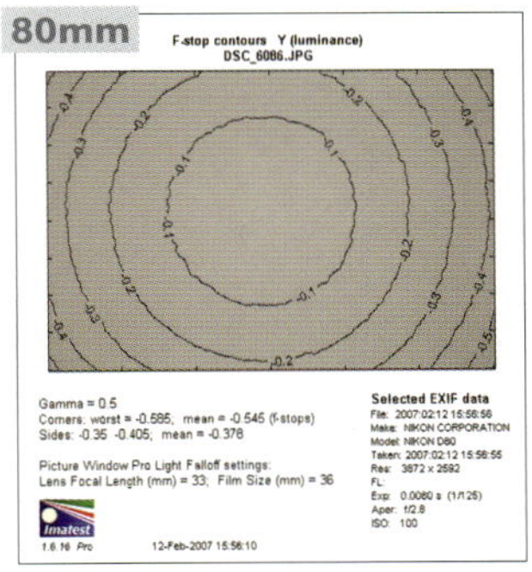

▲Imatest分析结果：最大光圈时有0.585级最大失光及0.545级平均失光。

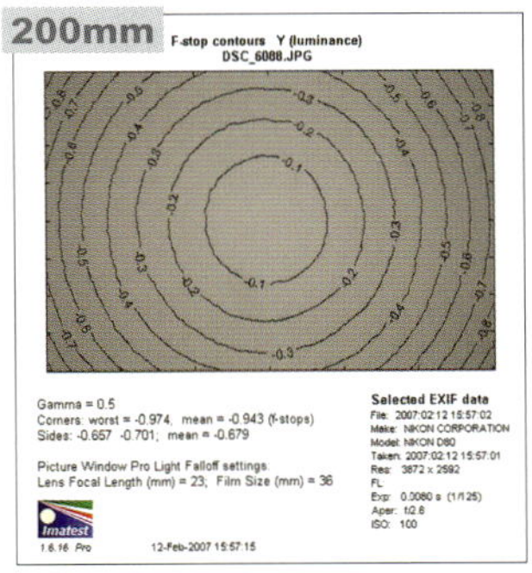

▲Imatest分析结果：最大光圈时有0.974级最大失光及0.943级平均失光。

测试后记

镜皇的吸引力无人不知，但其吓人的天价，亦无人不明。所以很多“极品”到最后也只会成为普通大众供奉之物。作为Nikon用户，如果打算购买大光圈远摄镜的话，肯定会考虑“小黑6”及“小黑3”这两支镜头。如果追求完美和工作需要，“小黑6”应该是最佳选择。但若只为兴趣，而且不是大富之家，亦希望拥有多些镜头，多些效果，只是“小黑6”一半价钱的“小黑3”也相当够用。相同的恒定f/2.8大光圈及专业的外形，只是减去了VR防震和质量上不是最好，但景深效果和专业感其实已很“足料”，因而热卖程度没有减退。

Ai AF Zoom-Nikkor ED 80-200mm f/2.8D

SPEC.

镜片结构：11组16片
对角线视角：30° 10' - 12° 20'
最大光圈：f/2.8
最小光圈：f/22
光圈叶片：9片
最近对焦：1.5m
放大率：0.19X
对焦系统：机身马达
防震级数：不支持
遮光罩：HB-7桶型（随镜附送）
滤镜尺寸：77mm
直径：87mm
长度：187mm
重量：1.3kg

编辑评分

影像质量：★★★★ 对焦效能：★★★★ 专业性质：★★★★ 机动性：★★★★ 价性比：★★★★

每项评分最高5★

Ai AF Zoom-Nikkor ED 80-200mm f/2.8D
拍摄示范

拍摄者：Gary PANG
机身：Nikon D200
镜头：Ai AF Zoom-Nikkor ED 80-200mm f/2.8D
光圈：f/4
快门：1/800秒
感光度：ISO 400
白平衡：Auto WB
焦距：112mm（168mm相对焦距）

VR防震系统登场

Ai AF VR Zoom-Nikkor ED 80-400mm f/4.5-5.6D

参考售价：9899元

*资料由锐意于2009年12月15日提供

合适拍摄题材

- 人像
- 新闻报道
- 舞台表演
- 赛车

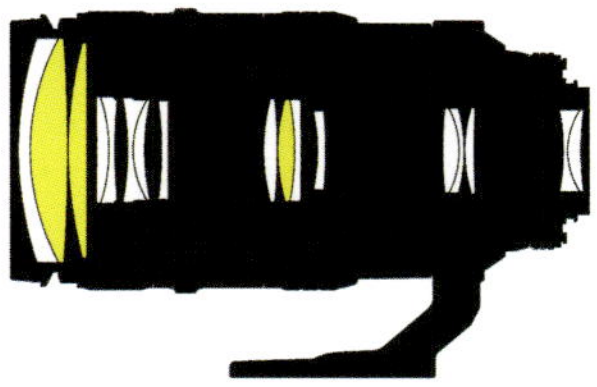

■: ED 光学玻璃镜片

▲镜片结构：11组17片（3片ED透镜）

VR首见

要说谁家厂商率先将放手震系统安装在镜头身上，相信很多人都异口同声说："Canon！"。没错，第一家将防震系统放在SLR镜头上的确实是Canon。不过若技术公布和公开发售的话，那早一年面世的Nikon Zoom 700VR（1994年推出）胶卷便携机才是硬件防震的第一代宗师呢！虽然Nikon最先推出VR（Vibration Reduction）技术，但只在"傻瓜机"上使用，市场反应回响没有怎么大。转个眼，"防震镜头"的头啖汤便被Canon抢了过来。6年后，即2000年，Nikon终于推出首支备有VR防手震技术的单反镜头—Ai AF VR Zoom-Nikkor ED 80-400mm f/4.5-5.6D。不过正所谓"学无前后，达者为先"，此镜一来就搭载了拥有3级安全快门补偿能力的VR组件，技术上比起同期的别家还要先进。

金环的身份

此镜采用旋转式变焦设计，并非旧式前后推拉变焦，少了如风琴的"抽气吸尘"问题。用上了11组17片镜片，第2、3及第10片为低色散ED镜片，VR震动修正镜组则属于第4组（第6及第7片）之内。而最近对焦距离为2.3米，较同级的其他型号逊色一点。对焦系统方面，因为仍然采用机身传动方式，并非SWM静音超声波马达类型，所以此镜在不同机身上，会有AF表现差距，但对焦时噪声是少不免了。镜筒左侧设有开启VR防手震功能的开关，而且设有两个选项，分别为（1）：只在曝光时才做修正补偿，这样可减少电源的消耗；（2）：在半按快门及曝光时都做修正。现在大部分VR系统，都只提供（2）的快门触发启动VR系统功能。

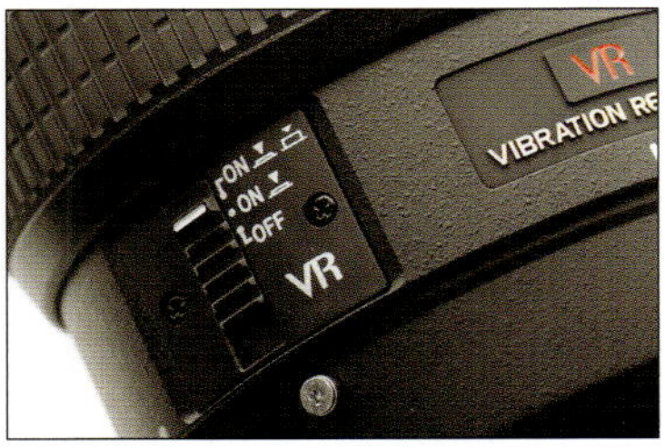

▲因为是首次于镜头上提供VR防震系统，所以"特别"设有两种VR功能启动选项。目前全部新镜的VR系统都是半按快门便会启动VR系统。

▲在对焦环下方设有AF/MF的快设转换环和安全锁。

▲除了头组镜片外，其余的都比较细小，直望下会发现犹如遮光板的洞口设计，有助减低逆光的影响。

拓展阅读

非恒定光圈的"金圈镜"

此镜除了是Nikon首支加入VR光学防震功能的镜头外，它亦是Nikon众多镜头中唯一一支拥有浮动最大光圈，但同时拥有金环的镜头。

Ai AF VR Zoom-Nikkor ED 80-400mm f/4.5-5.6D质量测试

SFR解像度测试

解像力方面，此镜在不同光圈及焦段上，也有不俗和稳定的表现，特别是当把光圈缩小至f/8后，镜头的解像力大幅提升，只是最大光圈拍摄时，影像质量较逊色。

	最大光圈	f/5.6	f/8	f/11	f/16
80mm					
中央	1604LW/PH（f/4.5）	1729LW/PH	2050LW/PH	1858LW/PH	1746LW/PH
边缘	1523LW/PH（f/4.5）	1606LW/PH	1783LW/PH	1761LW/PH	1598LW/PH
200mm					
中央	1570LW/PH（f/5.3）	1796LW/PH	1926LW/PH	1880LW/PH	1690LW/PH
边缘	1526LW/PH（f/5.3）	1684LW/PH	1764LW/PH	1665LW/PH	1548LW/PH
400mm					
中央	1563LW/PH（f/5.6）		1877LW/PH	1768LW/PH	1658LW/PH
边缘	1479LW/PH（f/5.6）		1760LW/PH	1637LW/PH	1571LW/PH

变形控制测试

在各个焦距范围下，仅在远摄端出现轻微枕状变形情况，变形控制相当优异。

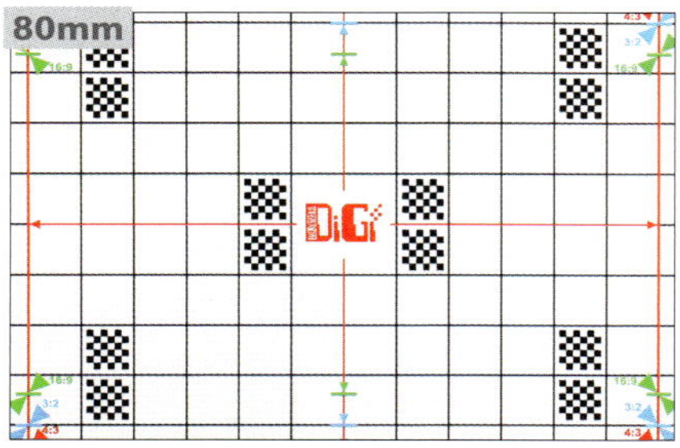

▲变形问题：不明显

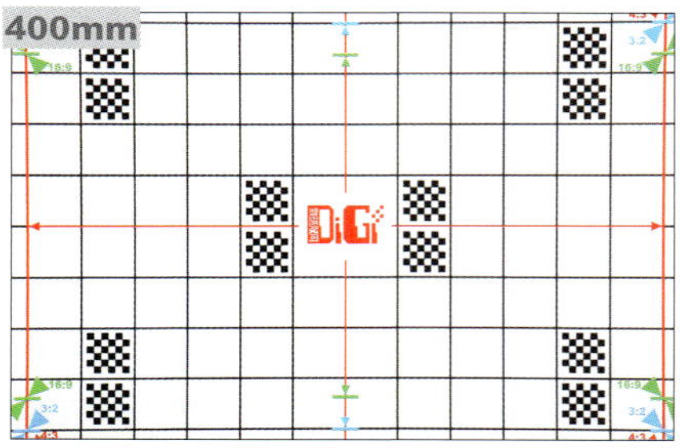

▲变形问题：轻微的枕状变形

四角失光测试

就失光情况来看，此镜有非常出色的表现，在80mm及400mm端分别只有0.235级及0.234级的失光，失光情况不易察觉。

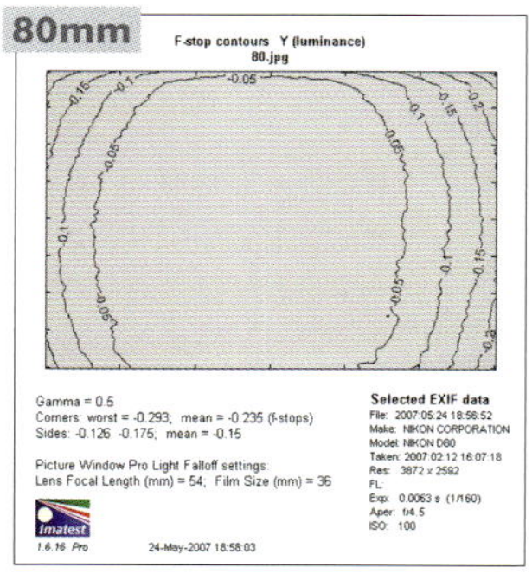

▲Imatest分析结果：最大光圈时有0.293级最大失光及0.235级平均失光。

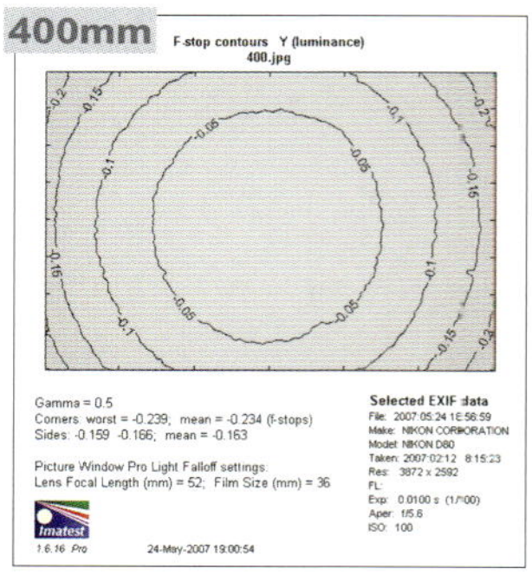

▲Imatest分析结果：最大光圈时有0.239级最大失光及0.234级平均失光。

测试后记

金色的光环，仿佛为这镜头加了一点虚荣感。一直以来，自己都觉得Nikon的VR系统稍为优越，一来操作时的噪音较少，二来画面也好像较稳定。此镜唯一的不足就是没有内置SWM马达，令其AF表现不如“小黑”系列。但质量表现和防震效能，绝对能挽回不少分数。

Ai AF VR Zoom-Nikkor ED 80-400mm f/4.5-5.6D

SPEC.

- 镜片结构：11组17片
- 对角线视角：30° 10' - 6° 10'
- 最大光圈：f/4.5-5.6
- 最小光圈：f/32
- 光圈叶片：9片（圆形）
- 最近对焦：2.3m
- 放大率：0.21X
- 对焦系统：机身马达
- 防震级数：3级
- 遮光罩：HB-24花瓣型（随镜附送）
- 滤镜尺寸：77mm
- 直径：91mm
- 长度：171mm
- 重量：1.36kg

编辑评分

影像质量：★★★★★ 对焦效能：★★★ 专业性质：★★★★ 机动性：★★★★ 价性比：★★★★

Ai AF VR Zoom-Nikkor ED
80-400mm f/4.5-5.6D拍摄示范

拍摄者：Sam YAU
机身：Nikon D3
镜头：Ai AF VR Zoom-Nikkor ED 80-400mm f/4.5-5.6D
光圈：f/6.7
快门：1/125秒
感光度：ISO 1800
白平衡：Auto WB
焦距：116mm

变焦巨炮

AF-S VR Zoom-Nikkor ED 200-400mm f/4G（IF）

合适拍摄题材
- 人像
- 新闻报道
- 舞台表演
- 赛车运动

参考售价：46500元

*资料由锐意2009年12月15日提供

变焦胜定焦

很多摄影发烧友在决定买入超远摄镜时，都会考虑一些定焦大炮，例如300mm、400mm f/2.8焦距，就如Nikon原厂的AF-S Nikkor 300mm f/2.8G VR IF-ED，又或是AF-S Nikkor 400mm f/2.8G IF-ED II等，贪其大光圈，可增加通光率令快门及AF速度上升。不过定焦镜的最大缺点，就是焦距是固定，不够方便，如想拍摄更具弹性、焦距更实用，不妨考虑200-400mm f/4这支罕有变焦长炮皇牌。这不但是一支万用长炮，接上DX D-SLR时，变成了300-600mm焦距的强大拍摄覆盖范围，无论是拍摄鸟类、昆虫、运动也能胜任。而镜头提供的VR防手震，在此镜身上更是举足轻重。有了VR防手震帮忙，可令此镜头做到远摄效果实现若干程度的手持拍摄。

高质稳定

此镜共有17组24片镜片，要推动如此多沉重的镜片做AF，一点也不容易，镜中的SWM超声波马达可谓发挥了重要作用。以这镜头拍摄橄榄球比赛，拍摄时镜头的AF速度虽然不及AF-S Nikkor 400mm f/2.8G IF-ED II，但是也只不过慢上一点点而已。而且镜头中亦有超远摄镜才有的 焦点预设锁定功能，大大增加对焦的速度和方便性，减少行程和需时。可能是因为变焦只是两倍的关系，镜头解像力维持在一个很高的水平，色散控制亦十分优良，在大背光环境下拍摄，亦无损画质，镜头内的4片ED镜片肯定功不可没。当中不可不提的，是镜头有极短的最近对焦距离，只需要2m就可以进行对焦，相比绝大部分超远摄镜头，需要几米以上才可以对焦来说，实在大大增加拍摄实用性。

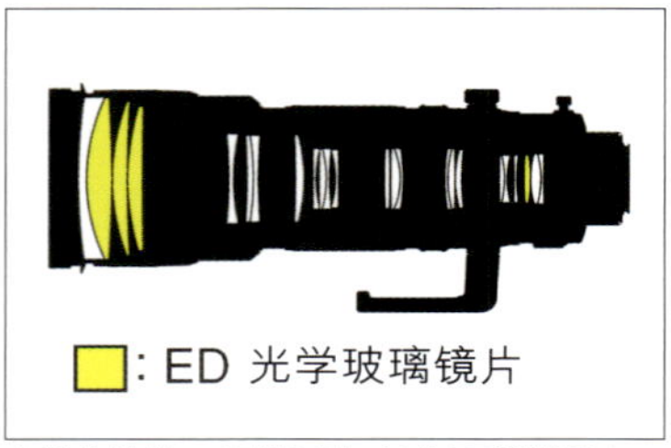

▲镜片结构：17组24片（4片ED透镜及1片前置保护透镜）

▲镜头的斗端设有快速锁焦按钮，拍摄如足球等远距离事物时，就不怕前方突然有外物出现，误导系统。

▲镜头采用后插式滤镜，尺寸为52mm。

拓展阅读

新版加入更多功能！

变焦巨炮绝不是Nikon的新玩意，早在1983年时已推出过专为体育摄影记者而设计的200-400mm f/4手动镜头。直至2004年，Nikon重推200-400mm f/4镜头，不过这次却配有SWM超声波马达及VR光学防震系统，完全体现数码时代用户的要求。

AF-S VR Zoom-Nikkor ED 200-400mm f/4G（IF）质量测试

SFR解像度测试

测试下，镜头的最高解像力徘徊f/8-f11，到了f/16后解像力明显回落。令人惊喜的是f/4最大光圈也有不俗的表现，亦令人觉得付出数万元天价，去购买这支镜头也是值得和实用的。

	f/4	f/5.6	f/8	f/11	f/16
200mm					
中央	1677LW/PH	1764LW/PH	1859LW/PH	1967LW/PH	1707LW/PH
边缘	1590LW/PH	1666LW/PH	1750LW/PH	1873LW/PH	1571LW/PH
400mm					
中央	1643LW/PH	1772LW/PH	1801LW/PH	1911LW/PH	1622LW/PH
边缘	1574LW/PH	1689LW/PH	1722LW/PH	1838LW/PH	1538LW/PH

变形控制测试

此镜不见有明显的变形问题，以一支2倍变焦镜来说表现不俗。

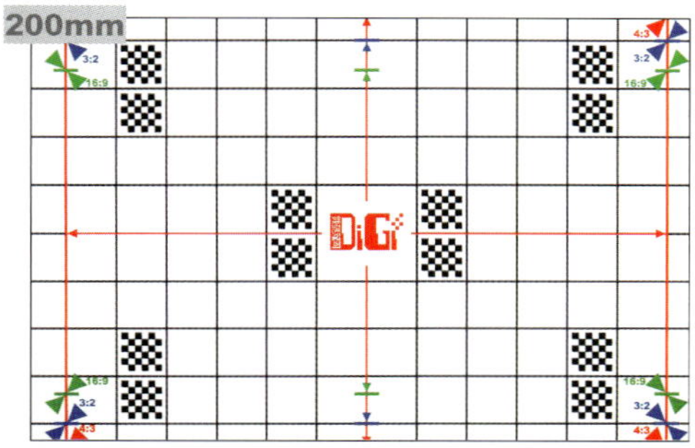

▲变形问题：不明显

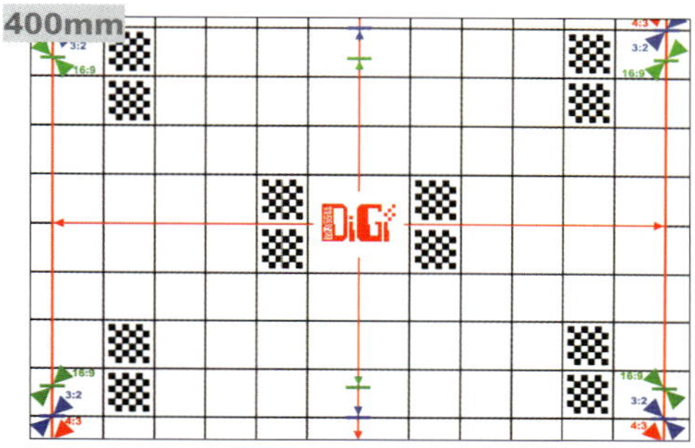

▲变形问题：不明显

四角失光测试

镜头在最大光圈f/4拍摄下，失光情况毫不明显，拍摄时一般都不会察觉有失光的问题，而且只要把光圈收小一级，情况就可大幅改善。

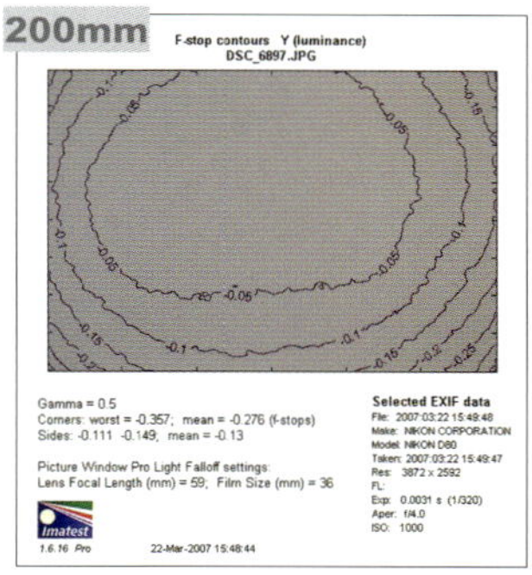

▲Imatest分析结果：最大光圈时有0.357级最大失光及0.276级平均失光。

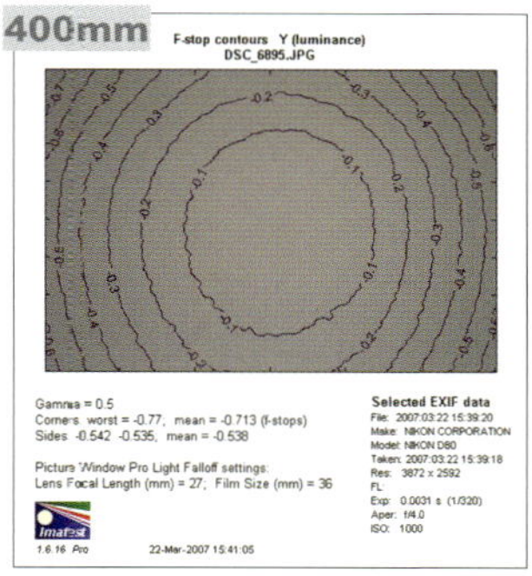

▲Imatest分析结果：最大光圈时有0.77级最大失光及0.713级平均失光。

测试后记

无疑在拍摄焦距上，这支镜头提供了很大的弹性，不过亦因为如此，所以令镜身长度及重量大幅增加，相比同样有VR防手震的80-400mm镜头，此镜的机动力低上很多（亦可能因为自己未够强壮）。要驾驭此镜感到有点吃力，单脚架已经100%是不可或缺之物。最大光圈只有f/4，稍嫌不够大，尤其在面对需要以高速快门拍摄的题材时（例如足球、网球运动），就更加显得f/2.8的重要。

SPEC.

AF-S VR Zoom-Nikkor ED 200-400mm f/4G（IF）

镜片结构：17组24片
对角线视角：12° 20' - 6° 10'
最大光圈：f/4
最小光圈：f/32
光圈叶片：9片（圆形）
最近对焦：2m
放大率：0.27X
对焦系统：SWM马达
防震级数：3级
遮光罩：HK-30桶型（随镜附送）
滤镜尺寸：后置插片式52mm
直径：124mm
长度：365mm
重量：3.275kg

编辑评分

影像质量：★★★★★　对焦效能：★★★★★　专业性质：★★★★★　机动性：★★★　价性比：★★★★

AF-S VR Zoom-Nikkor ED200-400mm f/4G (IF)拍摄示范

拍摄者：Gary PANG
机身：Nikon D200
镜头：AF-S VR Zoom-Nikkor ED 200-400mm f/4G（IF）
光圈：f/4
快门：1/500秒
感光度：ISO 1600
白平衡：Auto WB
焦距：400mm（600mm相对焦距）

"大头狗"摄影法

AF DX Fisheye-Nikkor ED 10.5mm f/2.8G

合适拍摄题材
- 风景
- 人像
- 超现实艺术

参考售价：5099元

*资料由锐意于2009年12月15日提供

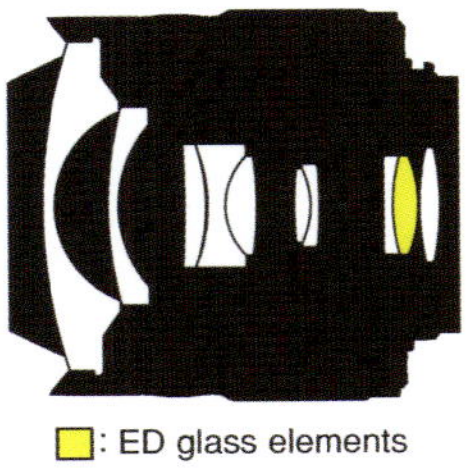

▲镜片结构：7组10片（1片ED透镜）

专为DX而设

要说什么镜头最受Nikon"DX热潮"影响，首推昔日的全画幅鱼眼镜头，因DX格式的细小画幅，原有的扭曲成像被裁去变成"不太弯"了。广角镜的焦距变长了，可以走远一点拍，但试问需要鱼眼镜的变形效果的用户，面对如斯情况会有什么感受呢？所以在2003年，Nikon推出DX专用鱼眼镜——AF DX Fisheye-Nikkor 10.5mm f/2.8G ED，亦是当时首批针对D-SLR而设的DX镜头之一。此镜采用对角线180°鱼眼效果设计，镜片组合为7组10片，第9片为超低色散ED镜片，光学技术及镜身做工也比全画幅的AF Fisheye 16mm f/2.8D来得讲究。虽然此镜体积小，但重量十足，拿上手的感觉十分实在。

▲虽然是DX G镜，但因为未用上SWM马达，需要机身推动AF（红圈），所以在D5000和D3000上会变成一支手动镜头。卡口上设有明胶滤镜架，用来加装效果滤片。

近摄大头狗

此镜的最近对焦距离只有14cm，较全画幅版缩短近一倍。近拍时的放大率也因而大增，跃升至0.2X，用户轻易就能做出夸张的扭曲影像。在测试时，发现它被机身对焦马达推动也非常宁静，亦够快速，用来抓拍确实在不错。跟使用其他鱼眼镜一样，由于对角线视角为180°，只要稍一不慎，我们的手脚都会一同被摄入镜内，构图时实在要眼观六路，多加留神边缘位置。另一方面，如果使用RAW文件拍摄，在后期处理时可利用Nikon Capture NX2软件，把这支鱼眼镜的影像"拉直"，变为一般超广角镜的效果。令此镜可以一物二用，感觉上还是相当超值的。

▲和全画幅版的16mm Fisheye一样，虽然是180°视角（对角线），但前镜片没有突出，同样是遮光罩固定相连和不能加装C-PL滤镜。

拓展阅读

全球首支APS画幅专用镜头

此镜为全球首支针对APS画幅感光元件而设计的鱼眼镜头。推出时更标榜配合Nikon Capture 4软件，便可把鱼眼镜的弯曲影像转换成直线的超广角影像，可算是破天荒的设计和功能。

DX D-SLR上的鱼眼镜使用效果

由于AF Fisheye-Nikkor 16mm f/2.8D是专为FX全画幅相机而设，当用在只有全画幅40%面积的DX机身上使用，焦距增长问题使鱼眼效果大打折扣，就算以朝上或朝下等非水平方式拍摄，亦难以表达出此镜的变形视觉效果，相片的感觉反而有点像在使用超广角镜头拍摄。不过当换上AF DX Fisheye-Nikkor 10.5mm f/2.8G ED后，情况就会截然不同，因为镜头的成像圈（Image Circle）刚好是为APS-C画幅而设，可以充分展示出鱼眼镜本身为影像扭曲变形的特性。

AF DX Fisheye-Nikkor 10.5mm f/2.8G ED（DX专用）

▲Photo by Stephen＼f/6.3＼1/125s＼ISO 100＼Auto WB＼Nikon D80

Ai AF Fisheye-Nikkor 16mm f/2.8D（FX支持）

▲Photo by Stephen＼f/6.3＼1/100s＼ISO 100＼Auto WB＼Nikon D80

测试后记

鱼眼镜头一向就是小，记得除了俄产镜之外，要说到最轻巧细小的现役AF鱼眼镜，便就是此DX鱼眼了。当然只有细小是不够的，不可能吸引到别人购买。其高速的AF表现，加上紫边控制良好，以及有不俗的解像力（虽然很多用人对鱼眼镜的画质都没有很高的要求），实在是令这原厂镜能够“单天保至尊”，增加不少魅力。不过话分两头，不同于万用的广角中段变焦镜，由于鱼眼镜是一种专为拍摄某种特定题材而设计的镜头，所以本身如果对鱼眼视觉有偏爱的，就自然会购买；相反地，如果不喜欢鱼眼效果的，无论这支镜头有多出色，都不会考虑。但若看过此镜透过软件“变直”的过程后，可能会有用户觉得它亦不失是一支出色的超广角定焦镜。

AF DX Fisheye-Nikkor ED 10.5mm f/2.8G

SPEC.

镜片结构：5组8片
135相对焦距：15.75mm
对角线视角：180°
最大光圈：f/2.8
最小光圈：f/22
光圈叶片：7片（圆形）
最近对焦：0.14m
放大率：0.2X
对焦系统：机身马达
防震级数：不支持
遮光罩：花瓣型（固定相连）
滤镜尺寸：后置明胶片滤镜架
直径：63mm
长度：62.5mm
重量：305g

编辑评分

影像质量：★★★★　对焦效能：★★★★　镜身做工：★★★★　机动性：★★★★　价性比：★★★★

AF DX Fisheye-Nikkor ED 10.5mm f/2.8G拍摄示范

拍摄者：Alec YAU
机身：Nikon D300
镜头：AF DX Fisheye-Nikkor ED 10.5mm f/2.8G
光圈：f/16
快门：1/250秒
感光度：ISO 200
白平衡：Auto WB
焦距：10.5mm（15.75mm相对焦距）

期待已久的DX标准定焦

AF-S DX Nikkor 35mm f/1.8G

合适拍摄题材

- 风景
- 人像
- 旅游
- 抓拍

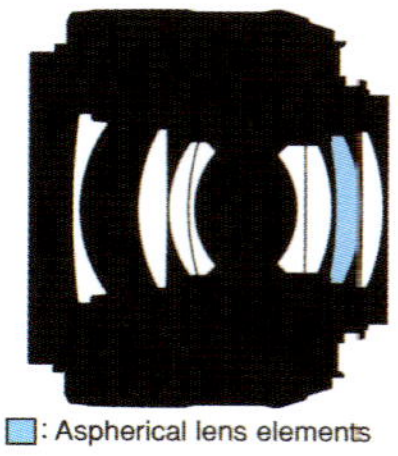

▲镜片结构：6组8片（1片非球面透镜）

参考售价：1359元

*资料由锐意于2009年12月15日提供

DX标准定焦镜

Nikon的DX镜头首见于02年，新镜不断推出，但就是没一支是标准定焦镜。2009年，Nikon推出此镜，首先令一众D5000和旧型号入门级机身用户雀跃。凭着内置的SWM超声波马达，不但加快了此镜的对焦速度，而且在D5000和同级机身上都能AF，实用性大增。从外表看，因它没有对焦距离窗，有点像旧式的AF 50mm f/1.8D，但明显加入了具有M/A全时手动的模式开关。回看镜尾，令人可惜的是它并非金属卡口，尽管镜长因IF设计固定和只有200g的轻巧，但在操作、做工和级数方面仍有提升空间。

差少许便到全画幅的覆盖能力

既然是DX“名下”，照理推断此镜在全画幅机身上，造成严重的“黑角现象”。然而AF-S DX 35mm f/1.8G的“实用面积”却是出奇地高。经“非正常”测试，发现此镜在FX机身之上，强制使用全画幅范围及f/4光圈拍摄，只有很小的黑角现象。如果启动机身的边晕抑制功能，个人来说更是非常“可接受”。虽然厂方从未认可此镜在FX机身上使用，但亦并非不可。若比较在1995年推出的AF 35mm f/2D，此DX镜采用新的6组8片双高斯光学设计，同类设计主要在50mm定焦镜中找到，由此可见此镜其实是50mm标准镜的“近亲”。

▲在卡口旁边备有橡胶边，对防尘及避免水滴进入机身起了正面的作用。

▲位于镜首的对焦环尚算宽阔，但可惜缺乏重要的对焦距离指示，手动测距对焦不能运作。

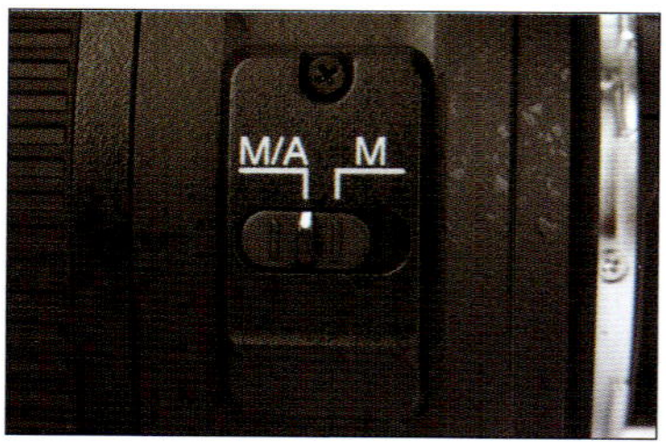

▲镜身设有SWM超声波马达镜头才有的对焦拨杆，M/A模式代表它的全时MF机能。

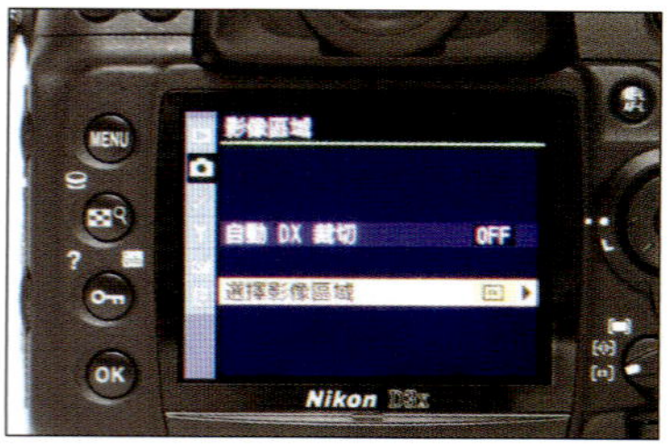

▲若要在使用此镜拍摄全画幅范围或得到最大像素，必须先关闭“自动DX裁切”功能，再手动“选择影像区域”为FX区域。

▲在D700上使用此DX镜的f/22光圈及强制以FX格式范围拍摄，可见四角出现严重的黑角现象，但范围不多，即使后期处理裁去黑角，“可用面积”亦十分多。

▲若启动了D700的边晕控制功能及改用f/4光圈拍摄，四边的黑角现象明显减退很多。

AF-S DX Nikkor 35mm f/1.8G质量测试

SFR解像度测试

经测试分析，此镜的解像力维持在一个颇高的水平，就算全开光圈，此镜的中央得分仍达2155LW/PH，而且中央与边缘部分差距甚少。

	f/1.8	f/2	f/2.8	f/4	f/5.6	f/8	f/11	f/16
中央	2155LW/PH	2118LW/PH	2286LW/PH	2290LW/PH	2273LW/PH	2251LW/PH	2151LW/PH	2021LW/PH
边缘	1904LW/PH	1865LW/PH	1932LW/PH	1971LW/PH	2090LW/PH	2079LW/PH	2014LW/PH	1918LW/PH

四角失光测试

此镜在DX机身上的最大光圈失光问题不算严重，最高只有1.58级，如把光圈收至f/4后，问题已减去大部分。

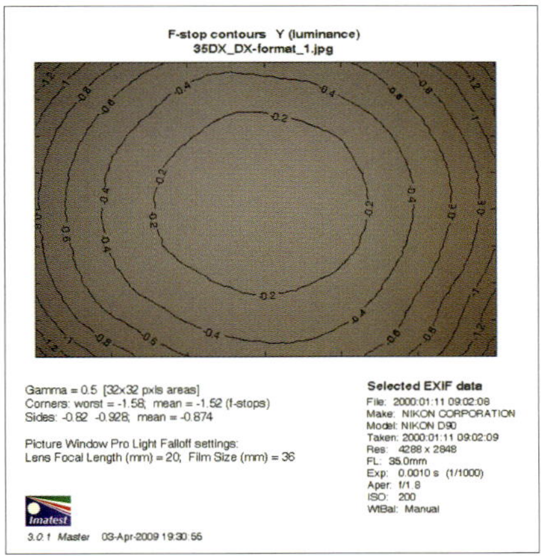

▲Imatest分析结果：1.52级平均失光及1.58级最大失光。

变形控制测试

纵使焦距延伸后变成了DX的标准镜，但骨子里仍属“广角镜”类型，变形控制算是“正常地”有轻微的桶状变形。

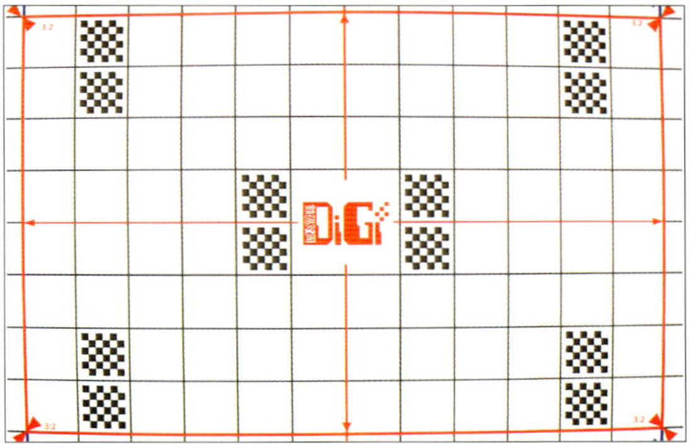
▲变形问题：轻微的桶状变形

测试后记

虽然此DX镜在FX机身上造成“黑角”情况，不过亦“几乎”可以填满全画幅。使用它的f/4光圈，再加上边晕控制，跟FX镜头的效果相差很少。再者，开售价钱这么吸引，比副厂的同类型镜头更平宜，对焦和最大光圈都比同厂旧式AF 35mm f2D进步了一点，吸引力绝对是有的。

AF-S DX Nikkor 35mm f/1.8G

SPEC.

镜片结构：6组8片
135相对焦距：52.5mm
对角线视角：44°
最大光圈：f/1.8
最小光圈：f/22
光圈叶片数：7片（圆形）
最近对焦距离：0.3m
放大率：0.16X
对焦系统： SWM超声波马达
防震级数：不支持
遮光罩：筒型（随镜附送）
滤镜尺寸：52mm
直径：70mm
长度：52.5mm
重量：200g

编辑评分

影像质量：★★★★ 对焦效能：★★★★ 镜身做工：★★★★ 机动性：★★★★★ 价性比：★★★★★

每项评分最高5★

AF-S DX Nikkor 35mm f/1.8G拍摄示范

拍摄者：Stephen LAU
机身：Nikon D700
镜头：AF-S DX Nikkor 35mm f/1.8G
光圈：f/1.8
快门：1秒
感光度：ISO 200
白平衡：Auto WB
焦距：35mm（52.5mm相对焦距）

109度大开眼界

AF-S DX Nikkor 10-24mm f/3.5-4.5G ED

参考售价：5999元

*资料由锐意于2009年12月15日提供

合适拍摄题材

- 风景
- 旅游
- 建筑
- 新闻报道
- 抓拍

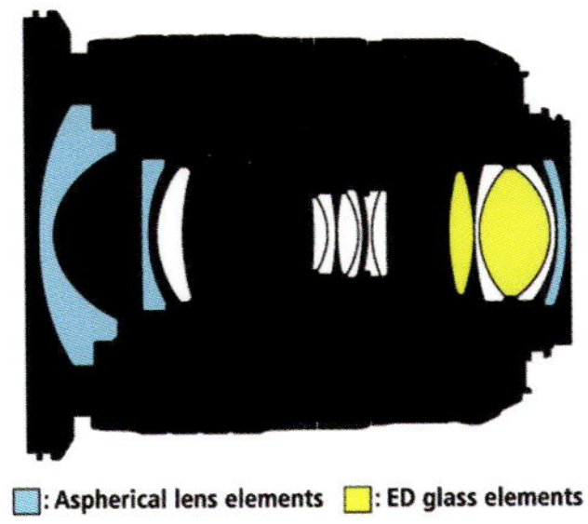

▲镜片结构：9组14片（3片非球面、2片ED透镜）

本是同根生？

说起此镜，很多人将它跟同厂的DX 12-24G及Tamron的SP 10-24mm Di II三镜比较。在焦段和最大光圈上，它完全相同于Tamron的。此新镜拥有9组14片的光学设计，当中包括3片非球面镜片和2片ED超低色散镜片。若仔细分析两镜之结构，前组和后组镜片群几乎是一模一样，"扑朔迷离"的关系更是不胫而走。在光学构成方面，可看得出此镜接近Tamron，和同厂的DX 12-24G反而较多不同之处。

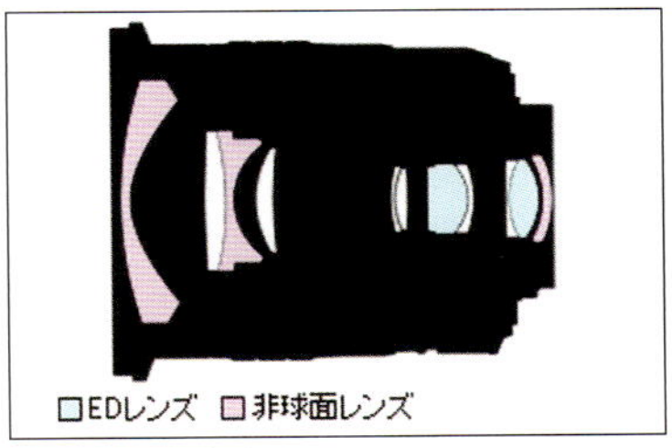

▲2003年推出的Nikon AF-S DX Nikkor 12-24mm f/4G ED之光学结构图

是取缔还是平价选择？

不论此镜与六年前的DX 12-24G，是"升级版"还是"双箭头"关系，在准用户面前，始终是要来个二选一。虽然新镜AF-S 10-24G拥有大点的广角f/3.5光圈，10mm焦距亦较强，但AF-S 12-24G的f/4恒定光圈及IZ内变焦设计下，AF和耐用程度却是AF-S 12-24G较有利。在产地方面，新镜被"迁移"到中国生产，而且能获得至高无上的"金圈光环"加冕，亦是级数差距的一大证明。

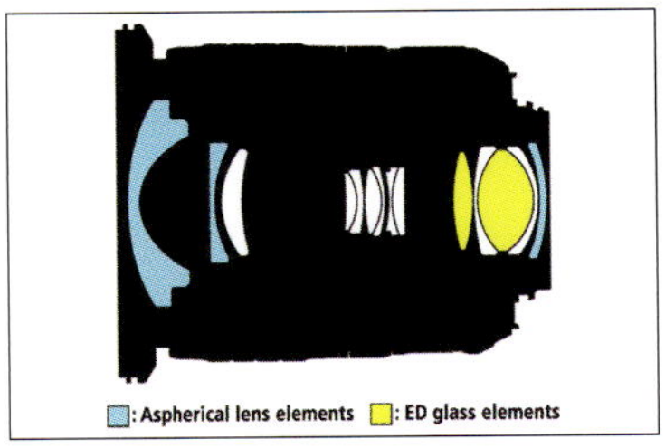

▲2009年推出的Nikon AF-S DX Nikkor 10-24mm f/3.5-4.5G ED之光学结构图

▲新镜镜片镀膜呈绿色。

▲对焦窗内虽然显示0.24米的"最近对焦距离"，但只限自动对焦时适用，如改用手动对焦的，近拍距离可再短一点，为0.22米。

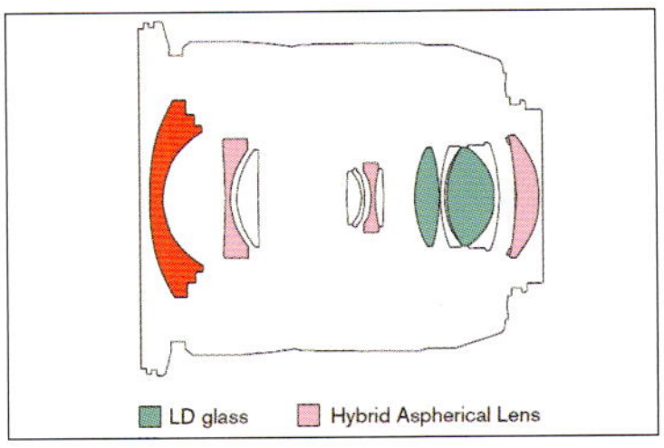

▲2008年推出的Tamron SP AF 10-24mm f/3.5-4.5 Di II LD Asp [IF]之光学结构图

AF-S DX Nikkor 10-24mm f/3.5-4.5G ED质量测试

解像度测试

整体来说，新镜在广角端的表现较好。最佳成像在f/5.6-f/8出现。在全开光圈下，镜头中央部分的解像力得分也企稳在2200LW/PH之上。

	最大光圈	f/4	f/5.6	f/8	f/11	f/16	f/22
10mm							
中央	2249LW/PH（f/3.5）	2252LW/PH	2281LW/PH	2215W/PH	2114LW/PH	1973LW/PH	1804LW/PH
边缘	1991LW/PH（f/3.5）	2005LW/PH	2169LW/PH	2195LW/PH	2102LW/PH	1932LW/PH	1741LW/PH
15mm							
中央	2204LW/PH（f/4）	2308LW/PH	2253LW/PH	2136LW/PH	1985LW/PH	1786LW/PH	1704LW/PH
边缘	1928LW/PH（f/4）	2066LW/PH	2192LW/PH	2135LW/PH	1959LW/PH	1753LW/PH	1447LW/PH
18mm							
中央	2157LW/PH（f/4.2）	2165LW/PH	2180LW/PH	2121LW/PH	1969LW/PH	1798LW/PH	1492LW/PH
边缘	2011LW/PH（f/4.2）	2141LW/PH	2162LW/PH	2097LW/PH	1947LW/PH	1744LW/PH	1418LW/PH
24mm							
中央	2075LW/PH（f/4.5）	2129LW/PH	2237LW/PH	2114LW/PH	1947LW/PH	1770LW/PH	1397LW/PH
边缘	2011LW/PH（f/4.5）	2069LW/PH	2165LW/PH	2052LW/PH	1945LW/PH	1750LW/PH	1247LW/PH

变形控制测试

在广角部分发现此镜出现明显的桶状变形，在超广角镜头中并不罕有。当变焦至18mm后，桶状变形已消减不少。至于在24mm望远端则有极少许的枕状变形问题。

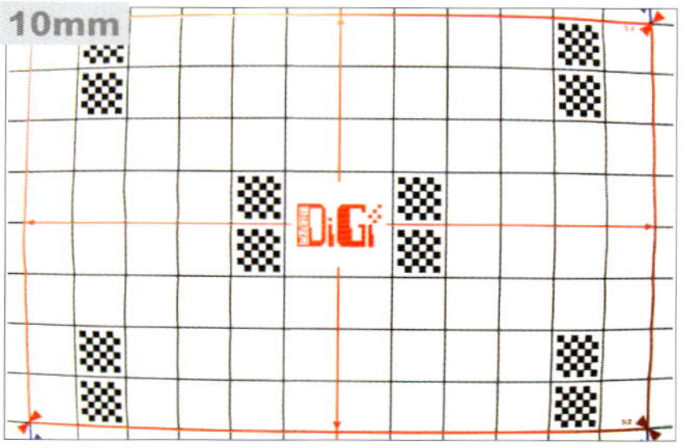

▲变形问题：严重的桶状变形

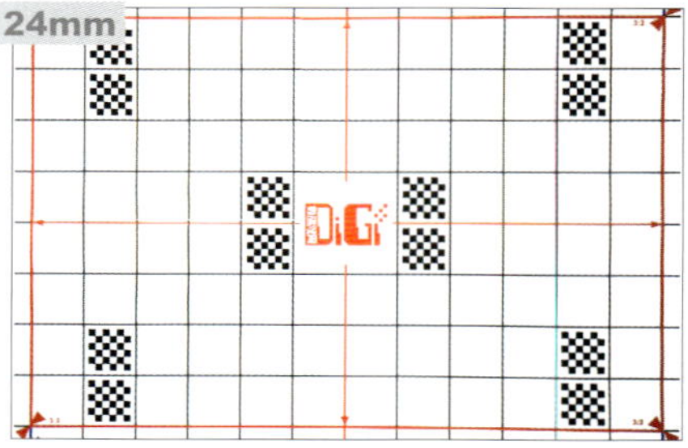

▲变形问题：轻微的枕状变形

四角失光测试

新镜的最大光圈失光情况不算严重，在广角端录得最高2.1级失光；在远摄端方面，四角失光情况相对较轻微，最高只有1.56级。若把光圈缩小至f/11后，差不多完全解决。

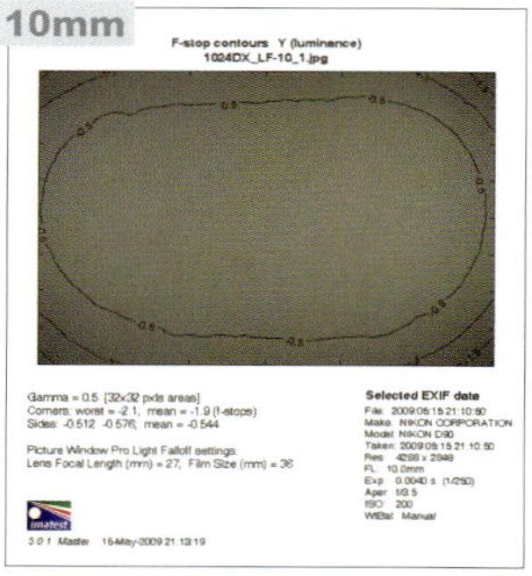

▲Imatest分析结果：最大光圈时有1.9级平均失光及2.1级最大失光。

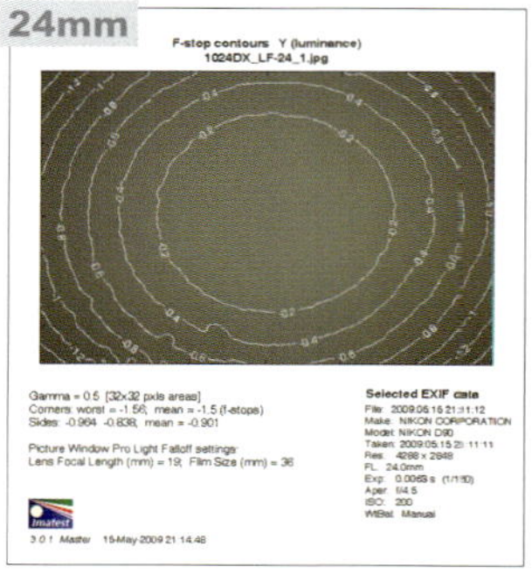

▲Imatest分析结果：最大光圈时有1.5级平均失光及1.56级最大失光。

测试后记

Nikon愈来愈多产品改由“国外”（日本以外）生产已是个不争的事实。幸好“高价货”和制作技术需要较高的，仍然留在日本本土生产，反之不少中、低档的，便以中国及泰国为主要生产地。对于此新超广角镜定价接近八千元，但却仍属中国厂房生产，也可算是一个“最昂贵”的记录。

AF-S DX Nikkor 10-24mm f/3.5-4.5G ED

SPEC.

APS上相对焦距：15-36mm
镜片结构：9组14片
对角线视角：109°-61°
最大光圈：f/3.5-4.5
最小光圈：f/22-29
光圈叶片：7片（圆形）
最近对焦：0.22m
放大率：0.2X
对焦系统：SWM马达
防震级数：不支持
遮光罩：HB-23花瓣型（随镜附送）
滤镜尺寸：77mm
直径：82.5mm
长度：87mm
重量：460g

编辑评分

影像质量：★★★★ 对焦效能：★★★★★ 镜身做工：★★★★ 机动性：★★★★★ 价性比：★★★★

AF-S DX Zoom-Nikkor ED 12-24mm f/4G（IF）质量测试

SFR解像度测试

概括来说，此镜无论中央或边缘位置的解像力都有上佳表现，在f/8时的解像力最出色。整体上，广角端与远摄端的解像力分别不是太大，表现相差不远。

	f/4	f/5.6	f/8	f/11	f/16
12mm					
中央	1943LW/PH	1844LW/PH	2042LW/PH	1720LW/PH	1650LW/PH
边缘	1648LW/PH	1674LW/PH	1845LW/PH	1682LW/PH	1621LW/PH
24mm					
中央	1708LW/PH	1755LW/PH	1911LW/PH	1780LW/PH	1701LW/PH
边缘	1665LW/PH	1640LW/PH	1837LW/PH	1649LW/PH	1640LW/PH

变形控制测试

如此超广角焦距，变形控制无可避免难以做到完全平直。在12mm端可看到明显的桶状变形情况，直至18mm端左右桶状变形问题才大幅减少，到了24mm最远摄端后，镜头的变形变得不明显。

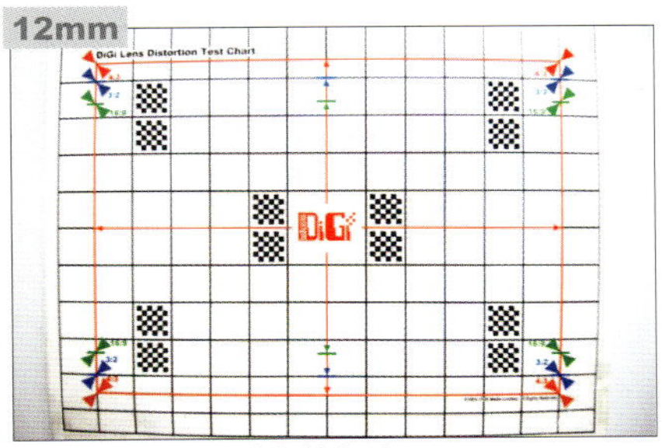

▲变形问题：明显的桶状变形

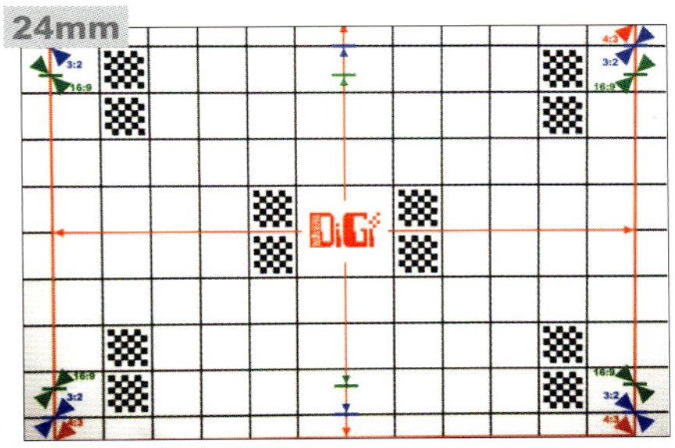

▲变形问题：不明显

四角失光测试

毕竟是一支超广角镜头，在测试下，镜头在12mm端的最大光圈拍摄时，平均只有1.47级的失光，失光情况尚可接受；至于24mm端下，镜头在最大光圈下就更只是录得平均0.861级的失光，以超广角镜而言实在难得。

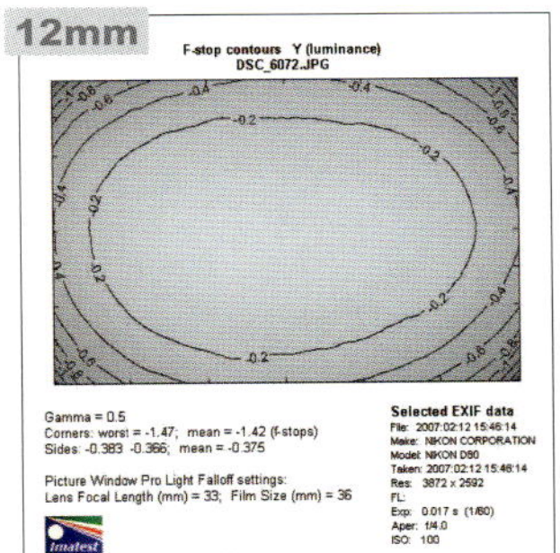

▲Imatest分析结果：最大光圈时有1.47级最大失光及1.42级平均失光。

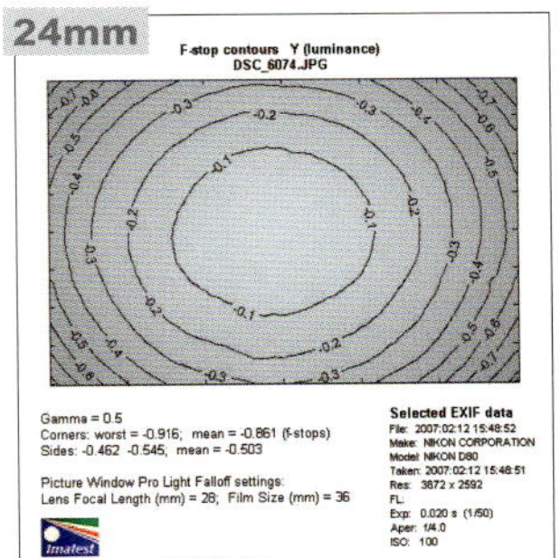

▲Imatest分析结果：最大光圈时有0.916级最大失光及0.861级平均失光。

测试后记

无可否认，此镜是DX D-SLR的“最强超广角”镜头，亦是很多风景摄影爱好者梦寐以求的神兵利器。由于如此罕有，之前的售价一直也在高企，令很多人望而却步。但自同门的DX 10-24mm推出后，此镜便多了个同源的竞争对手，售价相信都会有所调整。不过以此镜的优质影像、不俗的色散控制和解像力，外形设计也很出色，就种种加起来，似乎又争回不少分数。

编辑评分

影像质量：★★★★★　对焦效能：★★★★　镜身做工：★★★★★　机动性：★★★★　价性比：★★★★★

AF-S DX Zoom-Nikkor ED 12-24mm f/4G（IF）

SPEC.

镜片结构：7组11片
135相对焦距：18-36mm
对角线视角：99°- 61°
最大光圈：f/4
最小光圈：f/22
光圈叶片：7片（圆形）
最近对焦：0.3m
放大率：0.12X
对焦系统：SWM马达
防震级数：不支持
遮光罩：HB-23花瓣型（随镜附送）
滤镜尺寸：77mm
直径：82.5mm
长度：90mm
重量：465g

AF-S DX Zoom-Nikkor ED 12-24mm f/4G（IF）拍摄示范

拍摄者：Gary PANG
机身：Nikon D200
镜头：AF-S DX Zoom-Nikkor ED 12-24mm f/4G（IF）
光圈：f/8
快门：1/80秒
感光度：ISO 200
白平衡：Auto WB
焦距：12mm（18mm相对焦距）

最强防震套装镜

AF-S DX Nikkor 16-85mm f/3.5-5.6G ED VR

参考售价：4559元

*资料由锐意于2009年12月15日提供

合适拍摄题材

- 风景
- 人像
- 旅游
- 建筑
- 抓拍

: ED glass elements

: Aspherical lens elements

▲镜片结构：11组7片（3片非球面及2片ED镜片）

数码全优化

此镜于2007年年尾推出，在同期的Nikon D300上完全支持其超高的1,200万像素感光元件的要求。在11组17片镜组中，由三枚非球面及两枚特低色散ED镜片（其中一枚非球面镜片就在重要的VR组件之中），负责重要的纠正过程。圆形光圈叶片配合VR系统，令用户不再忌讳使用中值光圈拍摄人像，光影散景亦不再“起角”，而是诱人的圆圆效果。若比较多支中段DX镜头，只有此镜拥有16mm焦距（即24mm相对焦距），超广角延伸至远摄的5.3X变焦能力，提供更宏伟的视觉感觉和透视，但又不会出现太多的变形问题。

▲第二代VR II防震系统，能选择补偿哪一种震动或移动的影响，更有弹性、更有自主权。

实用稳定

此镜效果不但极其清晰，更是众DX镜中最“稳定之选”。因为此镜使用第二代VR II防震系统，可以选择使用一般用途的“Normal”模式或适合进行“摇镜追焦”（Pan Camera）的“Active”模式，“动静”皆宜。若以拍摄效果来看，此镜在DX格式上的焦距效果与早年前的AF-S 24-120mm VR在FX机身上相当。实试过后，更发现此镜拥有的光学设计和数码优化效果比AF-S 24-120mm VR更胜千里，锐度和防震效果超卓。为一众DX用户增添一支质高且实用的理想套装镜。

▲当镜头由广角端变焦至远摄端时，镜头延伸颇长。

拓展阅读

日本D300s的套装镜

在日本，在D300s推出时，已共布会两有款连镜套装，第一款是与此镜相连的套装，另一款是与AF-S 18-200mm VR II相连的套装。可惜国内代理未有引入任何一款套装选择。

AF-S DX Nikkor 16-85mm f/3.5-5.6G ED VR
质量测试

SFR解像度测试

虽然此镜非恒定光圈设计，但全开光圈时的解像力一直高企。全时最大光圈，都能达到2,000 LW/PH以上的水平，拍摄人像时，无需刻意收小使用中段的光圈。比很多旧款的全画幅镜头优胜，此甚为意料之外。

	最大光圈	f/5.6	f/8	f/11	f/16	f/22
16mm						
中央	2068LW/PH（f/3.5）	2185LW/PH	2135LW/PH	2075LW/PH	1907LW/PH	
边缘	1945LW/PH（f/3.5）	1958LW/PH	2044LW/PH	1987LW/PH	1786LW/PH	
24mm						
中央	2047LW/PH（f/4）	2198LW/PH	2153LW/PH	2057LW/PH	1873LW/PH	1600LW/PH
边缘	2028LW/PH（f/4）	2144LW/PH	2097LW/PH	1990LW/PH	1805LW/PH	1480LW/PH
50mm						
中央	2015LW/PH（f/5）	2064LW/PH	2056LW/PH	1988LW/PH	1900LW/PH	1620LW/PH
边缘	1795LW/PH（f/5）	1913LW/PH	1890LW/PH	1924LW/PH	1871LW/PH	1621LW/PH
85mm						
中央	2082LW/PH（f/5.6）		2152LW/PH	2075LW/PH	1933LW/PH	1610LW/PH
边缘	1816LW/PH（f/5.6）		1733LW/PH	1719LW/PH	1643LW/PH	1418LW/PH

变形控制测试

在变形控制上，此镜在广角端出现明显的桶状变形。变形最少的是其35mm焦距。远摄端的枕状变形，虽然程度不算严重，但仍需要一定的后期处理补偿。

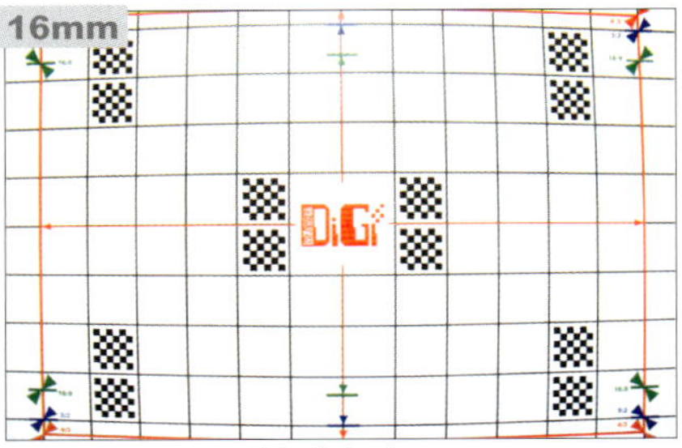

▲变形问题：明显的桶状变形

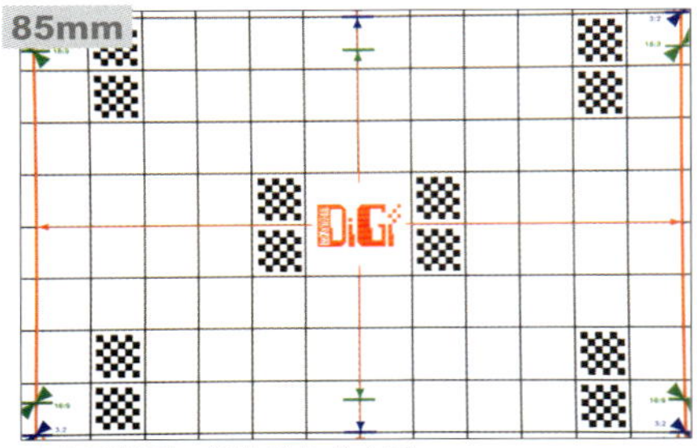

▲变形问题：轻微的枕状变形

四角失光测试

此镜的失光问题只是一般，比较严重是广角端，略略收小至最佳成像的f/8，差不多完全解决失光问题。人像拍摄时最常用的85mm配合最大光圈f/5.6，失光情况都不算严重，并不会轻易察觉。

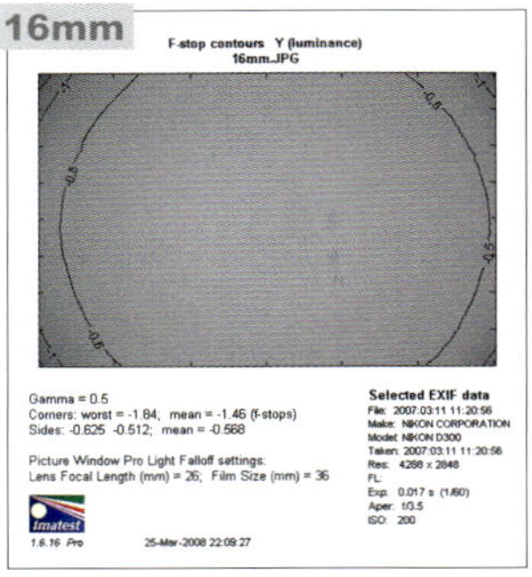

▲Imatest分析结果：最大光圈时有1.84级最大失光及1.46级平均失光。

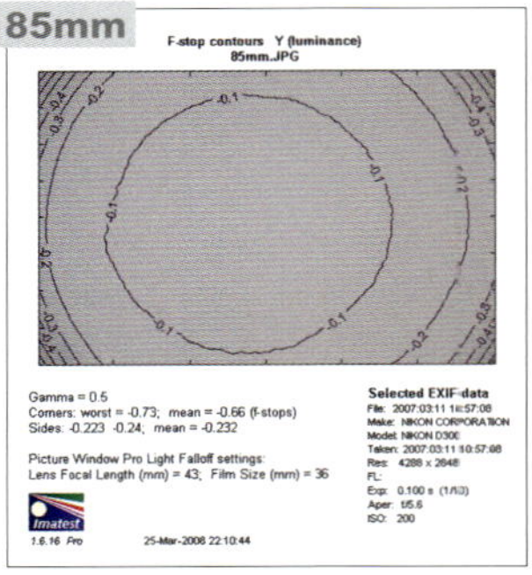

▲Imatest分析结果：最大光圈时有0.73级最大失光及0.66级平均失光。

测试后记

此镜是罕有非恒定镜头但拥有卓越质量的例子。当使用最大光圈，失光问题不太严重，而且解像力不俗，可以放心全开光圈拍摄，甚有利人像拍摄。可惜的是此镜的远摄端景深效果，并不足够让半身人像有完全模糊的背景。反过来对于如婚礼摄影、旅游摄影、抓拍、纪实摄影和新闻摄影等需要面对弱光环境又要有一定清晰度的拍摄题才上，会更有发挥空间。只能在日本找到此镜连同D300s的套装，对于国内用户甚是可惜。

SPEC.

AF-S DX Nikkor 16-85mm f/3.5-5.6G ED VR

镜片结构：11组7片
135相对焦距：24-127.5mm
对角线视角：83° - 18° 50'
最大光圈：f/3.5 - f/5.6
最小光圈：f/22 - f/36
光圈叶片：7片（圆形）
最近对焦：0.38m
放大率：0.217X
对焦系统：SWM马达
防震级数：4级
遮光罩：花瓣型（随镜附送）
滤镜尺寸：67mm
直径：72mm
长度：85mm
重量：485g

编辑评分

影像质量：★★★★★ 对焦效能：★★★★ 镜身做工：★★★★ 机动性：★★★★★ 价性比：★★★★★

AF-S DX Nikkor 16-85mm f/3.5-5.6G ED VR

拍摄示范

拍摄者：Sam YAU
机身：Nikon D300s
镜头：AF-S DX Nikkor 16-85mm f/3.5-5.6G ED VR
光圈：f/4.8
快门：1/1500秒
感光度：ISO 200
白平衡：Auto WB
焦距：38mm（57mm相对焦距）

DX系列至尊皇者

AF-S DX Zoom-Nikkor ED 17-55mm f/2.8G（IF）

参考售价：9799元

*资料由锐意于2009年12月15日提供

合适拍摄题材

- 风景
- 人像
- 旅游
- 新闻报导
- 抓拍

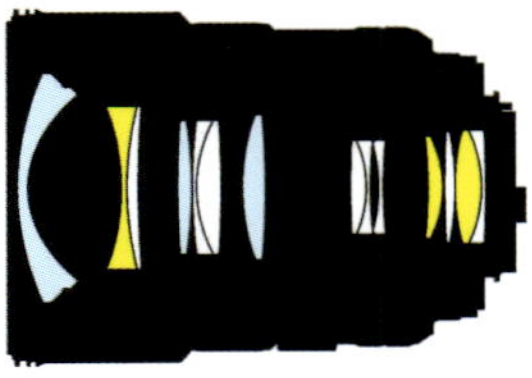

: ED glass elements
: Aspherical lens elements

▲镜片结构：10组14片（3片非球面、3片ED透镜）

DX王牌

Nikon的DX镜大部分都是被誉为“二线之选”，除了这支镜！只有这支镜拥有“金圈皇牌”的“认证”。论排场，这支镜头老早已成为一众DX用户眼中的“神台级”镜头之一。一个金圈招牌，在虚荣感上，已经完全跑出，想即时把它抱回家。不过更实在的，这支镜头的焦距极为实用，在焦距转换后成为了25.5-82.5mm，正正是大家最常用到的标准焦段，可兼顾广角及远摄的拍摄需要。而且还有恒定f/2.8大光圈，无论是要拍摄人像所需散景或是要应付弱光的拍摄环境，实用性极高。

▲镜头有防水胶边的设计，防渗防尘性能大增。

重量级之选

不愧为DX镜皇，镜头上配备的镜片可真不能看小，3片ED透镜及3片非球面透镜的“重量级”配备，令此镜拍出锐利无比的影像，诚然在后面的测试结果上，也深深感受到其厉害无比的解像力。镜头配备了SMW宁静波动马达技术，而且镜头是采用内对焦（IF）设计，对焦高速而宁静，只要望着取景器按下快门，已可明显感受到此镜与一般DX镜头的高下分野。此镜不单拥有神级的质量，亦有神级的价格。它是价钱最贵的一支DX镜，推出时几可追上“AF-S三宝”的身价。其次是镜头较重，达755g的重量比起一部D90还要重，实在非人人“担得起”。此外不得不提的，就是新镜的变焦环太紧不够顺手，亦是一直为用户所诟病的问题。

▲与AF-S 24-70mm f/2.8G有相似的变焦情况，都是在广角端有最长镜筒的情况。

拓展阅读

防雨水胶边始祖？

AF-S DX Zoom-Nikkor 17-55mm f/2.8G IF-ED是Nikon在2003年推出的三支DX镜头中，扮演最重要的一员。因为从此镜开始，Nikon便在所有拥有金属卡口的镜头末端加上防雨水胶边，以确保雨水不易渗入反光镜箱。

AF-S DX Zoom-Nikkor ED 17-55mm f/2.8G（IF）质量测试

SFR解像度测试

对于一支镜皇来说，大家对它的解像力自然充满期待。测试下，镜头的解像力不俗，虽未达到-顶级表现，但是最佳的f/8光圈，中央与边缘位置也有极高的分数。至于焦距方面，35mm左右的焦距，是镜头解像力发挥比较出色的焦距，不妨多加利用。

	f/2.8	f/4	f/5.6	f/8	f/11	f/16
17mm						
中央	1568LW/PH	1635LW/PH	1876LW/PH	2027LW/PH	1638LW/PH	1642LW/PH
边缘	1502LW/PH	1362LW/PH	1745LW/PH	1833LW/PH	1547LW/PH	1510LW/PH
35mm						
中央	1715LW/PH	1875LW/PH	1824LW/PH	2182LW/PH	1634LW/PH	1611LW/PH
边缘	1476LW/PH	1642LW/PH	1696LW/PH	1985LW/PH	1411LW/PH	1577LW/PH
55mm						
中央	1627LW/PH	1740LW/PH	1767LW/PH	1944LW/PH	1601LW/PH	1622LW/PH
边缘	1486LW/PH	1711LW/PH	1709LW/PH	1786LW/PH	1526LW/PH	1498LW/PH

变形控制测试

此镜在广角端有明显的桶状变形，拍摄时能清楚发现；至于远摄端，则没有明显的变形。

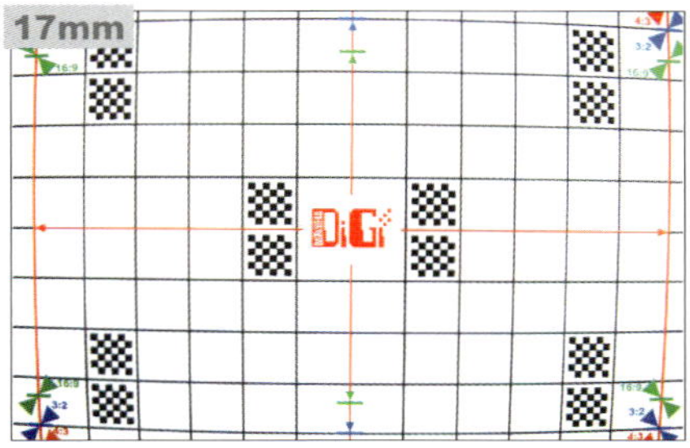

▲变形问题：明显的桶状变形

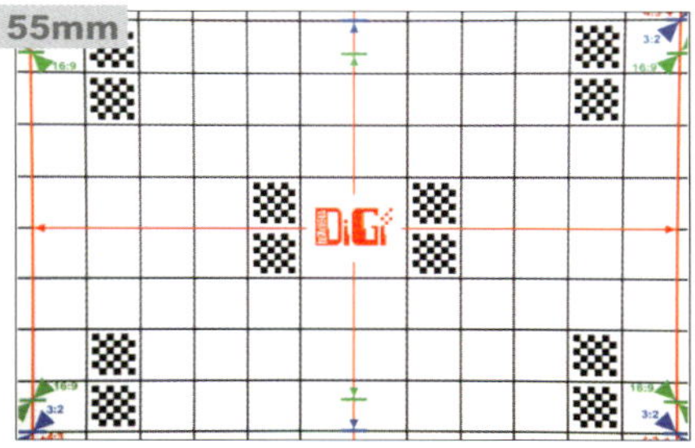

▲变形问题：不明显

四角失光测试

测试下，镜头无论在最广角17mm端及最远摄的55mm端，在f/2.8下失光情况都显而易见。不过只要把光圈稍收一级，情况就可明显改善。

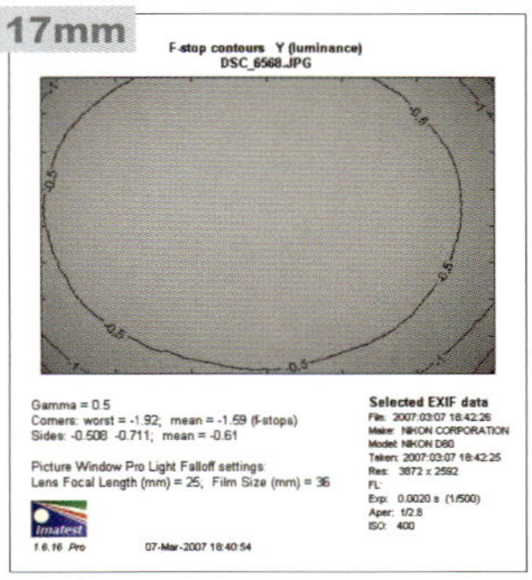

▲Imatest分析结果：最大光圈时有1.92级最大失光及1.59级平均失光。

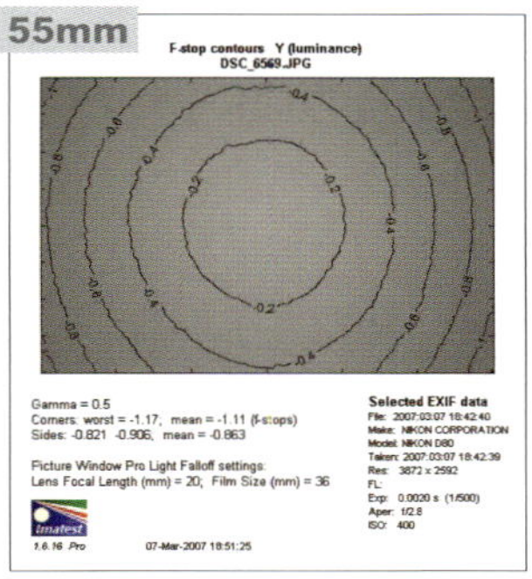

▲Imatest分析结果：最大光圈时有1.17级最大失光及1.11级平均失光。

测试后记

坦白说，这支镜头在很多方面的表现都很令人满意，唯一可惜的是此镜未有提供VR防震，让别家的型号专美。不少忠实Fans会反驳：“广角镜有了f/2.8光圈都不用VR啦”，但有了其他品牌的前车可鉴，广角加大光圈加防震，是有用而且叫好叫座的，因为（安全快门数值）“低处不算低，还可以再低”。希望往后如有II代版，考虑一下这个用户愿望。话虽如此，究竟应不应花费近万元的价格去买入这支镜头？这实在是非常易答的问题，因为买不买这支镜头，多少是视乎你买不买得起，而不是值不值得买的问题。因为如果你有这个钱的话，那实在找不到买其他更好的选择。至于此镜的缺点，其实也只是为了说明，这个世界没有完美的东西，它当然不是完美，但却是最好的，这样已经足够了。

AF-S DX Zoom-Nikkor ED 17-55mm f/2.8G（IF）

SPEC.

镜片结构：10组14片
135相对焦距：25.5-82.5mm
对角线视角：79° - 28° 50'
最大光圈：f/2.8
最小光圈：f/22
光圈叶片：9片（圆形）
最近对焦：0.36m
放大率：0.2X
对焦系统：SWM马达
防震级数：不支持
遮光罩：HB-31花瓣型（随镜附送）
滤镜尺寸：77mm
直径：85.5mm
长度：110.5mm
重量：755g

编辑评分

影像质量：★★★★★　对焦效能：★★★★★　镜身做工：★★★★★　机动性：★★★★　价性比：★★★★★

AF-S DX Zoom-Nikkor ED 17-55mm f/2.8G（IF）
拍摄示范

拍摄者：Sam YAU
机身：Nikon D200
镜头：AF-S DX Zoom-Nikkor ED 17-55mm f/2.8G（IF）
光圈：f/2.8
快门：1/800秒
感光度：ISO 100
白平衡：Auto WB
焦距：55mm（82.5mm相对焦距）

入门轻巧二代

AF-S DX Zoom-Nikkor ED 18-55mm f/3.5-5.6G II

参考售价：499元

*资料由锐意于2009年12月15日提供

合适拍摄题材

- 风景
- 人像
- 旅游
- 抓拍

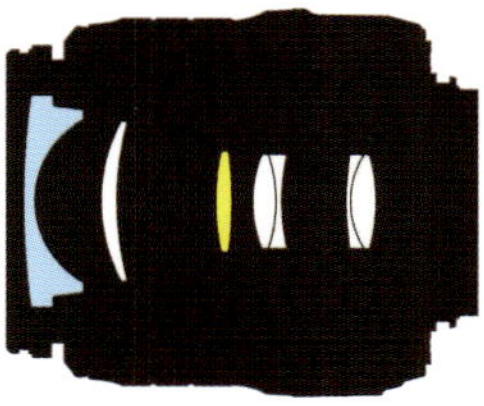

: ED glass elements
: Aspherical lens elements

▲镜片结构：5组7片1（片非球面、1片ED透镜）

入门机常规备配

此镜推出至第II代，是配合D40X作为常规套装镜头发售。说到底，这支也不过是套装镜头，实际也不过是几百元的售价，到底真正实力如何呢？相比第一代镜（即D50的套装镜头），这支新镜头大幅度改良，首先高解像力表现仍然是镜头的卖点。翻查测试记录，配合D50测试，第一代套装镜以18mm的f/8光圈中央位置，就有1600LW/PH，而来到D40加上第二代镜头更超过1700LW/PH的分数，套装镜有如此质量实属难得。可能是为了造得更轻便的关系，镜头只用上了塑胶卡口，缺少了金属卡口始终有种不够耐用的感觉，而且镜头手感也只是一般，放在手里不禁说它是“轻飘飘”的。幸好是镜身还有Nikon的金漆招牌，已经是信心保证，而且经过种种测试结果，亦显示“轻不必等于差”。

▲拿起镜头时，明显感觉到第二代镜比第一代镜头肥胖一点，但镜身依然轻巧。

实用“抵用”

不过论到实用与否，此镜最大光圈只有f/3.5，而且要在广角端18mm才能使用，至于到了55mm远摄端，最大光圈也只得f/5.6，光圈是否够用真的见仁见智。不过这支镜头的优胜处在于配备SWM马达，对焦时尚算安静，反而对焦速度仅属一般。测试时镜头完全能发挥它优秀的成像威力，而且在阳光下紫边不算明显，以几百元身价来说绝对值得嘉许。总括来说，大家已可预计到未来的一、两年，入门级D-SLR会继续发光发热，一支影像高质、轻巧的套装镜是绝对有需要的，而Nikon这支第二代镜正好完全满足市场上的需求，对于入门Nikon用户肯定是喜讯吧！

▲可惜镜头只用上塑胶卡口，耐用性相对金属卡口低。

拓展阅读

Nikon第一片ED镜片

由光学玻璃所产生的影像色彩分散现象大致被分为“纵向色差”和“倍率色差”，它们各有成因亦各有表现现象。Nikon在1972年成功试产了合成镜片，并命名为“Extra-low Dispersion lens”（简称ED镜片），不仅拥有极佳的锐度表现，而且抗色差的能力极高，第一支拥有ED镜片的镜头是Nikkor 300mm f/2.8 ED。

AF-S DX Zoom-Nikkor ED 18-55mm f/3.5-5.6G II
质量测试

SFR解像度测试

概括来说，很难完全统一说哪个光圈表现最好，但整体来说，由f/8开始中央与边缘位置表现较好及较平均，不过55mm端表现较为逊色，但也有约1500LW/PH的分数。尽管如此，镜头的整体表现实属不俗，以一支套装镜标准来说更是超值。

	最大光圈	f/4	f/5.6	f/8	f/11	f/16
17mm						
中央	1803LW/PH（f/3.5）	1770LW/PH	1670LW/PH	1709LW/PH	1771LW/PH	1794LW/PH
边缘	790LW/PH（f/3.5）	902.9LW/PH	1096LW/PH	1375LW/PH	1479LW/PH	1631LW/PH
35mm						
中央	1782LW/PH（f/4.8）		1728LW/PH	1696LW/PH	1639LW/PH	1657LW/PH
边缘	1509LW/PH（f/4.8）		1577LW/PH	1570LW/PH	1578LW/PH	1504LW/PH
55mm						
中央	1157LW/PH（f/5.6）			1417LW/PH	1528LW/PH	1578LW/PH
边缘	835LW/PH（f/5.6）			1334LW/PH	1356LW/PH	1420LW/PH

变形控制测试

两端焦距也出现桶状变形的情况比较之下，广角端的变形情况比远摄端严重。

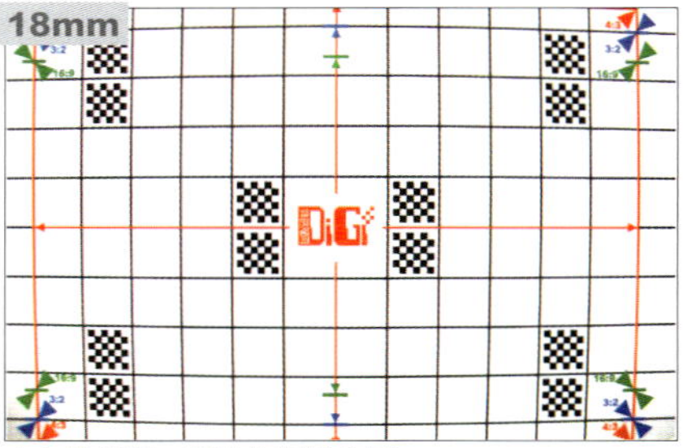

▲变形问题：轻微的桶状变形

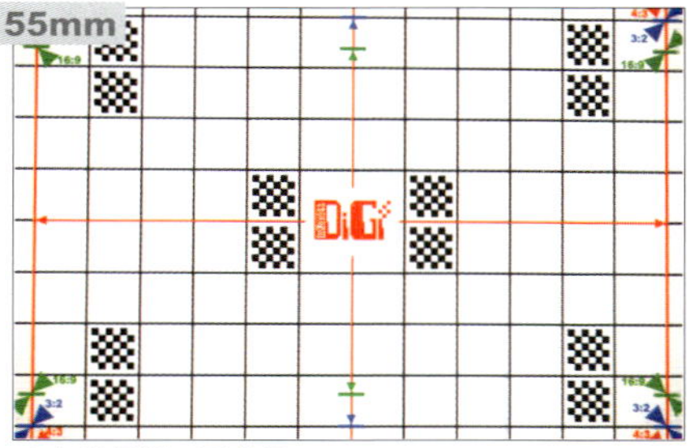

▲变形问题：不明显

四角失光测试

论失光表现，镜头在最大光圈拍摄下，广角端的失光情况颇为严重，幸好是一般拍摄时不太容易察觉。至于远摄端就十分轻微，对于很在意四角失光问题的用户，相信会感到满意。

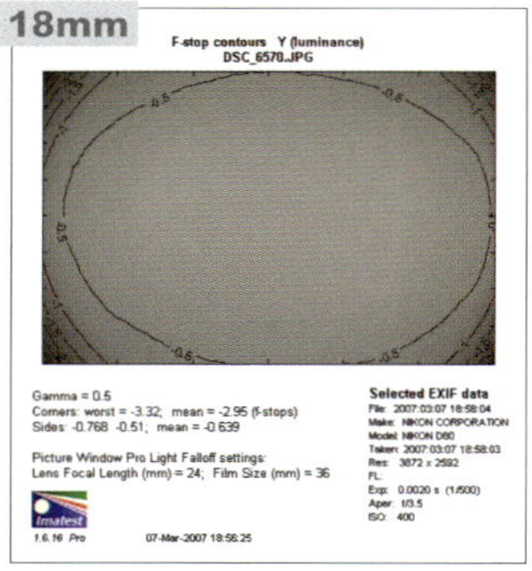

▲Imatest分析结果：最大光圈时有3.32级最大失光及2.95级平均失光。

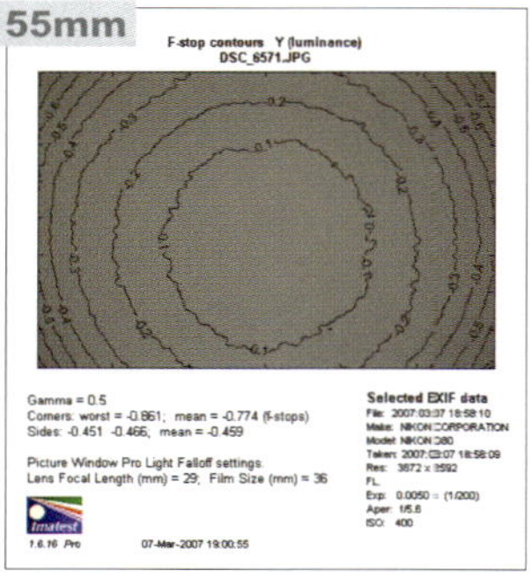

▲Imatest分析结果：最大光圈时有0.861级最大失光及0.774级平均失光。

测试后记

有一点颇有趣的，不知道大家可有发现，无论是Nikon、Canon或Pentax也好，为旗下入门级D-SLR配搭的都是很便宜，而且全部都是18-55mm这个焦段。更不谋而合地，三个品牌都为镜头配以最大光圈值f/3.5-f/5.6的！当然我不认为三者都是出自同一厂的手笔，又或是OEM制的，只不过是纯粹感到“雷同”而已。说回这支镜头的定位，大家都知道它是开章明义的套装镜，也不过是几百元的“货”，心态上应该不会太苛求，也可能是因为这样的关系，这支镜头出乎意料的上佳表现，反而令大家有不少惊喜。起初仍不以为然，但当实际使用时，又发现所言非虚。如此轻巧的身躯，又有不俗的画质，在配合细小的相机下随身拍，又是另一种层次的享受。

AF-S DX Zoom-Nikkor ED 18-55mm f/3.5-5.6G II

镜片结构：5组7片
135相对焦距：27-82.5mm
对角线视角：76° - 28° 50′
最大光圈：f/3.5-5.6
最小光圈：f/22-38
光圈叶片：7片（圆形）
最近对焦：0.28m
放大率：0.31X
对焦系统：SWM马达
防震级数：不支持
滤镜尺寸：52mm
直径：70.5mm
长度：74mm
重量：205g

编辑评分

影像质量：★★★★　对焦效能：★★★　镜身做工：★★★　机动性：★★★★★　价性比：★★★★★

AF-S DX Zoom-Nikkor ED 18-55mm f/3.5-5.6G II
拍摄示范

拍摄者：Gary PANG
机身：Nikon D200
镜头：AF-S DX Zoom-Nikkor ED 18-55mm f/3.5-5.6G II
光圈：f/13
快门：1/100秒
感光度：ISO 200
白平衡：Auto WB
焦距：42mm（63mm相对焦距）

"学神"不二之选
AF-S DX Nikkor 18-55mm f/3.5-5.6G VR

参考售价：599元

*资料由锐意于2009年12月15日提供

合适拍摄题材
- 风景
- 人像
- 旅游
- 抓拍

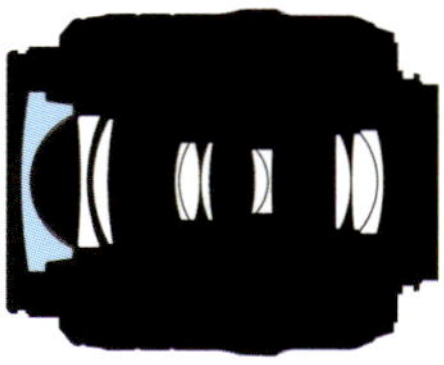

□: Aspherical lens elements

▲镜片结构：8组11片（1片非球面透镜）

入门级精选

与D60一起推出，配合其最易用入门级D-SLR形象，Nikon为它配搭了一支天造地设的套装镜头AF-S DX Nikkor 18-55mm F3.5-5.6G VR。重量只有265g，但内藏8组11枚镜片光学设计，作为同焦段的第三代版本，最明显的进步已标志在镜身的黑底金字VR之上。虽然加入了实用的VR组件，但却发现新镜减省了前代所使用的ED低色散镜片设计。有不少用户担心成像因此而变差，但它仍保留了非球面镜片，配合Nikon SIC镀膜技术可提供优秀的色彩还原，把鬼影和眩光减到最少。经实物测试，虽然广角端的边缘位置的画质评分，确实比上代下降了少许，但程度不算多。加上镜内的圆形光圈叶片和0.28米最近对焦距离，令此镜变得相当实用，能在千万像素D-SLR上有出色的表现。

高速稳定一次过拥有

众所周知Nikon D60，为了营造最轻巧的机身设计，把机身的自动对焦马达剔除，虽然因此令旧款、没有马达的镜头不能在D60上自动对焦，但不断有新款AF-S SWM镜头推出，就例如此镜，最后对入门级人士其实影响不算太大。AF-S马达镜头能如此快速就推出简化版，令其变得大众化和更实惠，D60与大卖前代D40x可说是功不可没。实试之后，会感到此镜的SWM马达表现出色，自动对焦快速，只可惜是简化版，没有提供全时MF功能，而且对焦环在AF时会转动，用户的手要避免妨碍其运作。另外，它的VR防手震功能组件是属于单一模式制式的，可以侦测上下左右的震动，再令镜片移轴修正。但在摇镜（Pan Camera）拍法中，可能会被必需的摆动动作误导，令手震修正功能不够完全，这较VR II系统略为逊色。

▲VR系统只有开关，没有模式选择。

▲另一有效减低重量的方法——塑胶卡口。

▲此镜长度最短时约在28mm，在55mm时最长，18mm时介乎两者之间。

拓展阅读

五年三支18-55mm

在短短几年间，Nikon为多部入门级D-SLR推出不同的DX 18-55mm镜头。由第一代D50配搭第一代的DX 18-55mm，到D40x配搭的DX 18-55mm II及D60配搭的DX 18-55mm VR。

AF-S DX Nikkor 18-55mm f/3.5-5.6G VR质量测试

SFR解像度测试

虽然此镜比II代版减去了ED镜片，令广角端边缘得分低了，但中央区域全开光圈锐度不俗。喜爱广角焦段配以小光圈拍摄风景的，应会满意此镜的效果。至于长焦端的成像比起前两代，边缘画质有了点进步，最佳光圈后移至f/8左右，配合VR就能长时间使用其最佳光圈。

	最大光圈	f/4	f/5.6	f/8	f/11	f/16
18mm						
中央	1,913LW/PH (f/3.5)	1,921LW/PH	1,874LW/PH	1,857LW/PH	1,852LW/PH	1,707LW/PH
边缘	1,628LW/PH (f/3.5)	1,578LW/PH	1,569LW/PH	1,762LW/PH	1,717LW/PH	1,620LW/PH
35mm						
中央	1,723LW/PH (f/5.3)		1,830LW/PH	1,824LW/PH	1,760LW/PH	1,704LW/PH
边缘	1,231LW/PH (f/5.3)		1,575LW/PH	1,701LW/PH	1,716LW/PH	1,668LW/PH
55mm						
中央	1,765LW/PH (f/5.6)		1,765LW/PH	1,893LW/PH	1,763LW/PH	1,647LW/PH
边缘	1,824LW/PH (f/5.6)		1,857LW/PH	1,795LW/PH	1,755LW/PH	1,641LW/PH

变形控制测试

此镜的广角端18mm出现强烈的桶状变形。整体上与上代的DX 18-55mm II不相伯仲。55mm则表现良好，只有轻微的枕状变形，对于拍摄人像时影响不大。

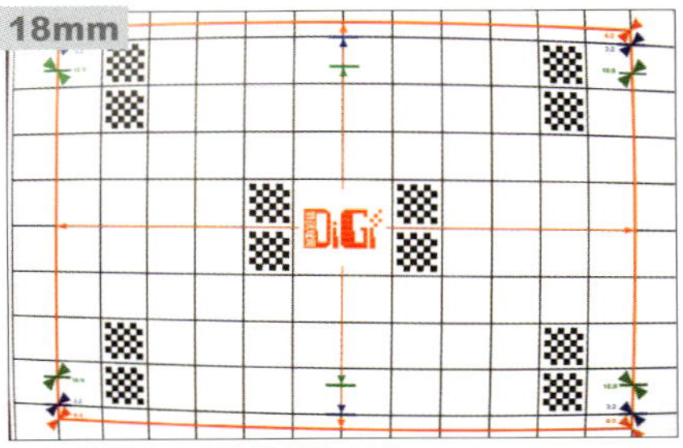

▲变形问题：明显的桶状变形

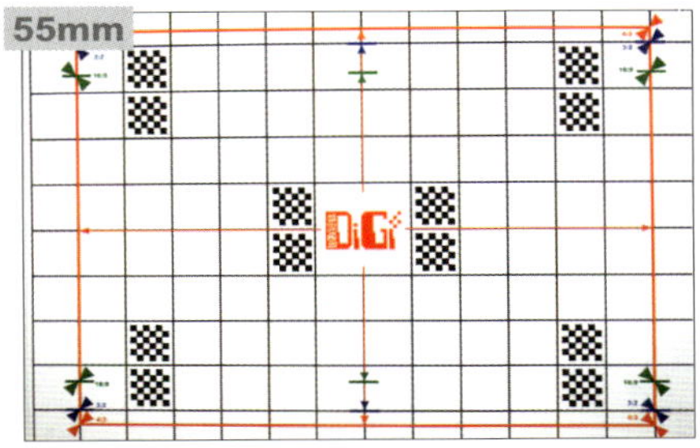

▲变形问题：轻微的枕状变形

四角失光测试

当广角端和远摄端的光圈全开，四角都有明显的失光问题，但不算严重。光圈在f/5.6或更小时，已差不多没有暗角。

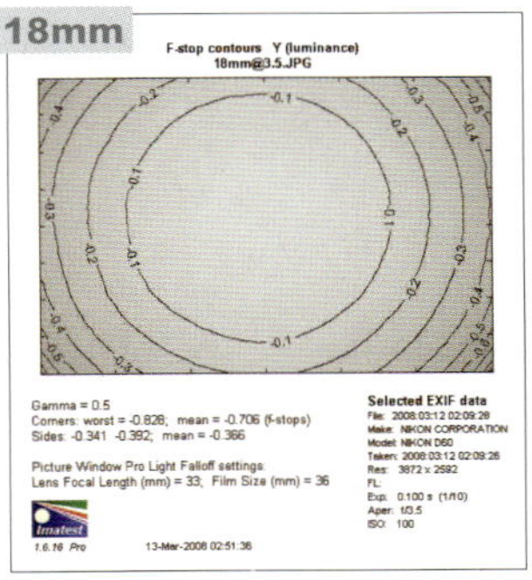

▲Imatest分析结果：最大光圈时有0.828级最大失光及0.706级平均失光。

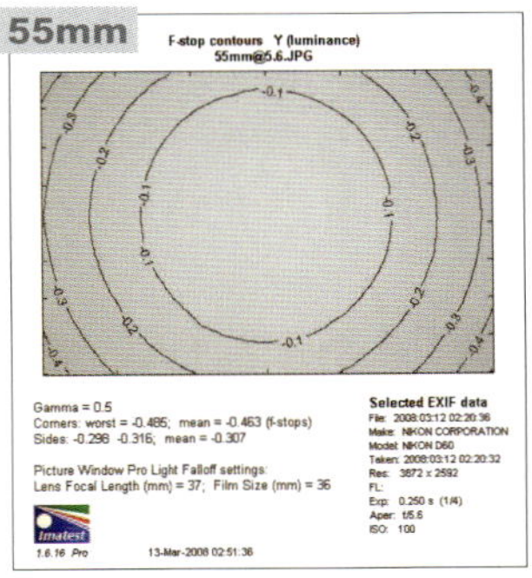

▲Imatest分析结果：最大光圈时有0.485级最大失光及0.463级平均失光。

测试后记

或许它的光圈太小、或许它减去了ED镜片、或许它没有随镜附送遮光罩、或许它没有受到多大的关注......但无可否认它仍是一支相当实用、轻巧方便的入门镜头，最适合陪伴初买D-SLR的入门玩家，渡过第一步的学习阶段，感受日常最常用的焦距感。加上VR防手震系统，更切合其实用性，把人像、风景、微距或是夜景人物等各种题材，一一胜任。对于D60买家，强烈建议选择配合此镜的套装。

SPEC.

AF-S DX Nikkor 18-55mm f/3.5-5.6G VR

镜片结构：8组11片
135相对焦距：27-82.5mm
对角线视角：76° - 28° 50'
最大光圈：f/3.5-5.6
最小光圈：f/22-36
光圈叶片：7片（圆形）
最近对焦：0.28m
放大率：0.31X
对焦系统：SWM马达
防震级数：3级
滤镜尺寸：52mm
直径：73mm
长度：79.5mm
重量：265g

编辑评分

影像质量：★★★★ 对焦效能：★★★ 专业性质：★★★ 机动性：★★★★★ 价性比：★★★★★

每项评分最高5★

AF-S DX Nikkor 18-55mm f/3.5-5.6G VR
拍摄示范

拍摄者：Vic WONG
机身：Nikon D5000
镜头：AF-S DX Nikkor 18-55mm f/3.5-5.6G VR
光圈：f/16
快门：1/125秒
感光度：ISO 200
白平衡：Custom WB
焦距：55mm（82.5mm相对焦距）

表现远超预期

AF-S DX Zoom-Nikkor ED 18-70mm f/3.5-4.5G（IF）

参考售价：2199元

*资料由锐意于2009年12月15日提供

合适拍摄题材

- 风景
- 人像
- 旅游
- 抓拍

: ED glass elements
: Aspherical lens elements

▲镜片结构：13组15片
（1片非球面、3片ED透镜）

套装首发

这支镜头与D70一同公布推出，亦顺理成章成为D70及D70s的Kit（套装）镜。未实试过的用户或多或少会因这个“kit”字，而看小它。但用过后绝对会改观。此镜是DX镜列之中首支中距变焦镜，做工细致，由13组15片的光学镜片组合而成，当中更包括了3片ED镜片及1片非球面镜片。复杂的镜片结构提升影像锐度及对比度外，亦减少色散情况。在DX格式上经1.5X焦距换算后，变成了一支效果为27-105mm的镜头，由广角至远摄也可一镜包办，拍摄时也分外轻松，实用性极高，难怪和D70一起成为热卖之作。

二线首选

除了复杂的镜片结构，此镜头也有不少诱人之处，例如减省了光圈环，大大减低制造成本，受惠的当然是用户，亦令镜身更见清爽。镜头只有390g的重量，携带外出拍摄更见方便。采用IF内对焦设计，对焦时镜筒不会转动，不影响C-PL滤镜的使用。再配合SWM马达，对焦快且静，种种规格看来也不难明白为何此镜甚得入门新手的欢心。不过实话实说，这支镜的解像力表现与DX 17-55mm f/2.8还有一段小距离，而且广角端的变形控制也只一般，也没有VR系统。对要求高的用户来说，这支镜头肯定不是长远之选，但是如果不想负担太重且有平均质量的话，它肯定是买了又不会后悔的镜头。

▲由于镜头在变焦时会伸出两节，令镜头入尘的机会大增。

▲此镜是最早期便移迁泰国厂放生产的镜头型号。

▲镜身设有对焦位置显示窗，在同级Nikkor DX镜中罕见，表明了其身价定位。

拓展阅读

首发D-SLR套装镜

该镜头与Nikon D70同日推出，是当时最经济实惠的DX镜头，亦舒解了当年没有入门级广角至中段变焦镜头之苦。

AF-S DX Zoom-Nikkor ED 18-70mm f/3.5-4.5G（IF）质量测试

SFR解像度测试

概括来说，此镜的中央位置有意想不到的高解像力，例如在18mm的f/8中央位置录得2050LW/PH的分数，只是边缘位置的得分较低，亦由此可见中央与边缘位置的解像力有明显的差距。

	最大光圈	f/4	f/5.6	f/8	f/11	f/16
18mm						
中央	1674LW/PH(f/3.5)	1939LW/PH	2023LW/PH	2050LW/PH	1766LW/PH	1697LW/PH
边缘	1487LW/PH(f/3.5)	1672LW/PH	1681LW/PH	1638LW/PH	1548LW/PH	1523LW/PH
55mm						
中央	1957LW/PH(f/4.5)		1924LW/PH	1930LW/PH	1664LW/PH	1631LW/PH
边缘	1453LW/PH(f/4.5)		1780LW/PH	1416LW/PH	1403LW/PH	1485LW/PH
70mm						
中央	2053LW/PH(f/4.5)		1987LW/PH	1922LW/PH	1631LW/PH	1620LW/PH
边缘	1767LW/PH(f/4.5)		1364LW/PH	1635LW/PH	1419LW/PH	1488LW/PH

变形控制测试

在广角端出现非常明显的桶状变形问题，单凭肉眼也可清晰看到变形状况。至于远摄端，镜头的变形控制相当优良，几乎完全没有任何变形问题。

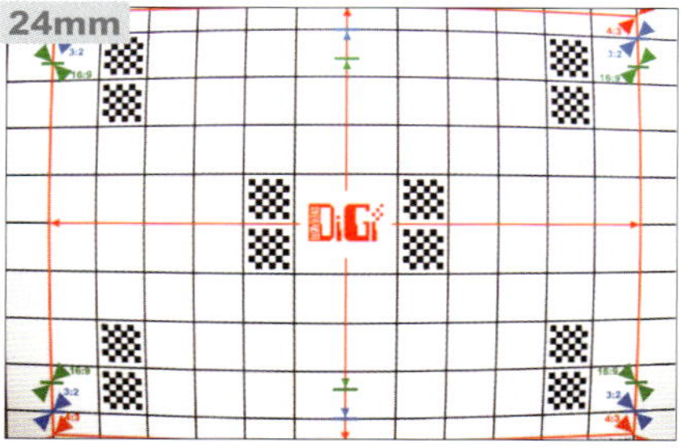

▲变形问题：明显的桶状变形

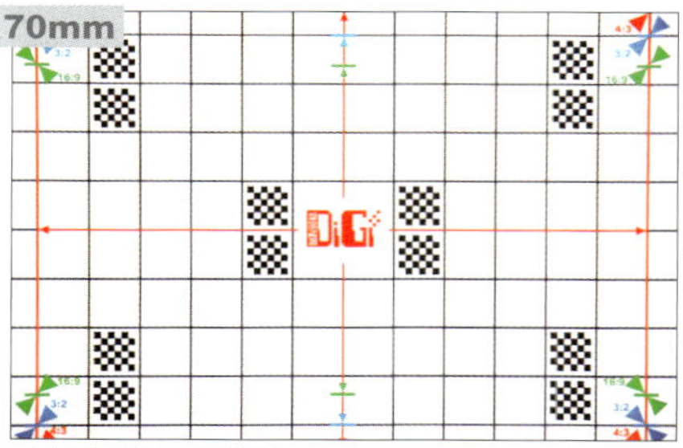

▲变形问题：不明显

四角失光测试

就失光表现，镜头在最大光圈下，有非常明显的失光情况，例如18mm及70mm端分别平均有2.25级及1.72级的失光，失光控制上是令人较失望的地方。

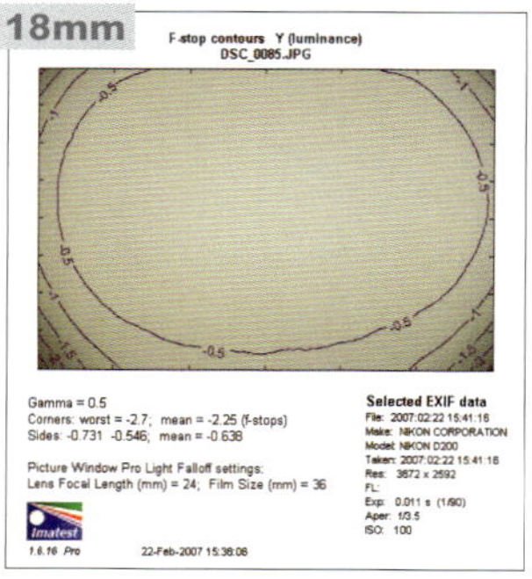

▲Imatest分析结果：最大光圈时有2.7级最大失光及2.25级平均失光。

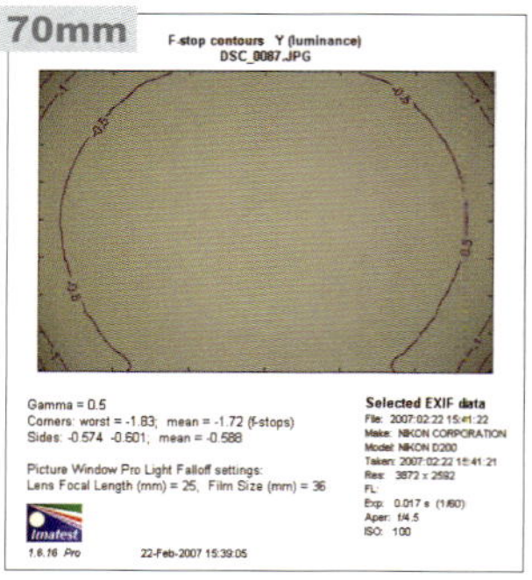

▲Imatest分析结果：最大光圈时有1.83级最大失光及1.72级平均失光。

测试后记

用过这支镜头的用户，都会大赞这个焦段实在太好用，由广角风景至大头人像也没有问题，而且价钱又确实大众化，二千多元就行，就算不是连套装买入，单是镜头入手也不会肉痛，总好过买镜头后常嫌焦距不够远，到头来要多买一支额外长焦镜，算起来绝不划算。而且此镜身型短小，但用于D90或D5000之上的平衡感极佳。不过此镜可能由于只有1片非球面镜片，所以变形情况也甚为明显，例如广角端的桶状变形，用户拍摄时要稍微注意。

AF-S DX Zoom-Nikkor ED 18-70mm f/3.5-4.5G（IF）

SPEC.

镜片结构：13组15片
135相对焦距：27-105mm
对角线视角：19° - 22° 50'
最大光圈：f/3.5-4.5
最小光圈：f/22-29
光圈叶片：7片（圆形）
最近对焦：0.38m
放大率：0.16X
对焦系统：SWM马达
防震级数：不支持
遮光罩：HB-32花瓣型（随镜附送）
滤镜尺寸：67mm
直径：73mm
长度：75.5mm
重量：390g

编辑评分

影像质量：★★★★ 对焦效能：★★★★ 专业性质：★★★★ 机动性：★★★★★ 价性比：★★★★★

每项评分最高5★

AF-S DX Zoom-Nikkor ED 18-70mm f/3.5-4.5G（IF）
拍摄示范

拍摄者：Gary PANG
机身：Nikon D200
镜头：AF-S DX Zoom-Nikkor ED 18-70mm f/3.5-4.5G（IF）
光圈：f/5.6
快门：1/80秒
感光度：ISO 800
白平衡：Auto WB
焦距：70mm（105mm相对焦距）

实惠VR防震长Zoom镜

AF-S DX Nikkor 18-105mm f/3.5-5.6G ED VR

合适拍摄题材

- 风景
- 人像
- 旅游
- 抓拍

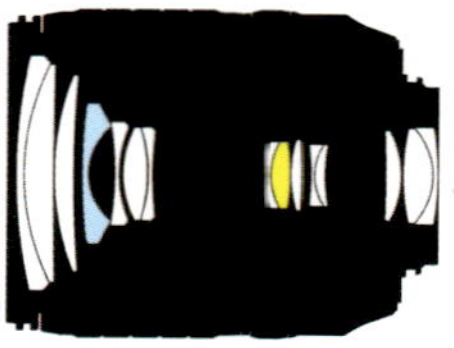

□: ED glass elements
□: Aspherical lens elements

▲镜片结构：11组15片（1片非球面、1片ED透镜）

参考售价：1799元

*资料由锐意于2009年12月15日提供

旅游之选

Nikon的D-SLR套装镜，由D70与AF-S DX 18-70mm的组合带起。之后每一部D70的后继机，都会有一支全新的套装镜推出。到了D90这代，功能进步神速，连带这支一并推出的套装镜都比以往的大有进步。首先此镜仍然保留最基本最不可或缺的28mm（相对焦距）广角开端，提供的5.8X变焦能力，令此镜的相对焦距由28mm一直伸延至158mm，效果由广角变化至远摄。有鉴于上代D80的套装镜AF-S DX 18-135mm，使用其远摄端时容易出现手震问题，所以在此D90新套装镜上，加入了VR防震功能，提供3级的快门补偿。在慢快门拍摄时的稳定效果明显，但只比上代的重了约35g。不论是重量、5.8X变焦和VR防震功能都十分适合旅行时一机一镜之用。

一分钱一分货

在11组15片的光学结构里，提供了1片非球面和1片ED透镜，用料不俗。在高达5.8X的变焦效果里，在前段一直保持着高解像度，但在较后的焦段便开始有点放缓。此镜内置了的SWM超声波马达，不但提供宁静的对焦过程，更附有全时手动M/A功能。在做工和手感方面，此镜都很像上代的AF-S DX 18-135mm，尤其是不设对焦位置显示窗这方面，但只影响外型观感，因为大部分用户都会选择使用AF操作。在实际使用过后，会发觉此镜在广角端的AF感觉，不及远摄的来得潇洒和决断，有些时候在18mm还会有迟迟未合焦的情况。

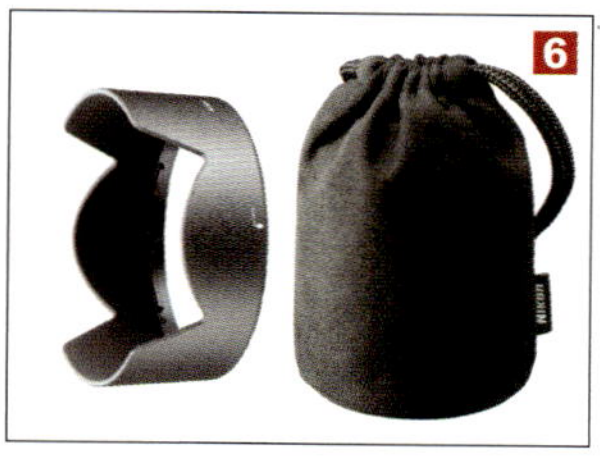

1. 注册型号虽然省略了，但在镜背还是标明了有非球面镜片和内对焦设计。
2. 从旁边的VR开关就知它属于第一代的VR系统，提供约3级快门补偿。
3. 镜尾部分仍然保持上代的塑胶卡口，给用户的感觉会耐用性不高。
4. 当镜头变焦时，105mm时的镜长会比18mm时长约一倍。
5. 当此镜（右）与前代D80套装镜DX 18-135（中）及前前代D70套装镜DX 18-70（左）比较，此镜比较近似DX 18-135，以DX 18-70感觉专业多一点。
6. 三代镜头都附送相同的遮光罩和镜头袋。

AF-S DX Nikkor 18-105mm f/3.5-5.6G ED VR质量测试

SFR解像度测试

从测试结果，发现此镜的广角端解像度比较高，而且是中央和边缘得分相近。但当变焦至远摄端时，得分明显下降，但仍然保持中央和边缘相差不远的特性。

	最大光圈	f/5.6	f/8	f/11	f/16	f/22
18mm						
中央	2,024LW/PH（f/3.5）	2,277LW/PH	2,283LW/PH	2,219LW/PH	2,104LW/PH	1,968LW/PH
边缘	1,963LW/PH（f/3.5）	2,098LW/PH	2,207LW/PH	2,211LW/PH	2,101LW/PH	1,944LW/PH
35mm						
中央	1,922LW/PH（f/4.2）	2,046LW/PH	2,040LW/PH	2,015LW/PH	1,989LW/PH	1,853LW/PH
边缘	1,916LW/PH（f/4.2）	2,002LW/PH	2,008LW/PH	1,973LW/PH	1,911LW/PH	1,747LW/PH
105mm						
中央	1,408LW/PH（f/5.6）		1,408LW/PH	1,783LW/PH	1,850LW/PH	1,778LW/PH
边缘	1,377LW/PH（f/5.6）		1,377LW/PH	1,655LW/PH	1,731LW/PH	1,703LW/PH

四角失光测试

此镜在大光圈时的失光比较轻微，当焦距不断增长，失光读数亦跟随一点点地增加。当使用远摄端时，失光问题最高达2.37级，算是严重。

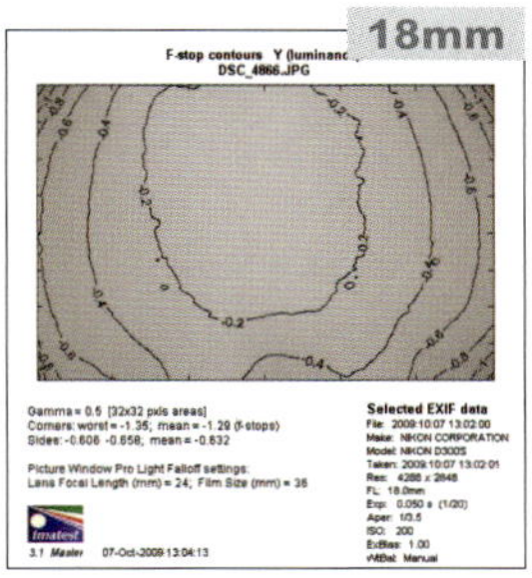

▲Imatest分析结果：最大光圈时有1.35级最大失光及1.29级平均失光。

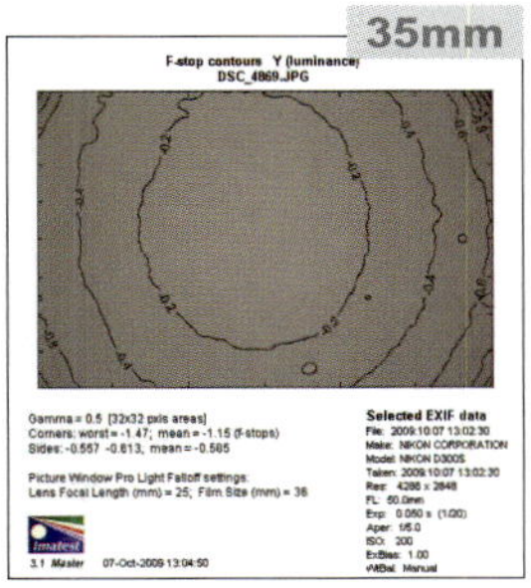

▲Imatest分析结果：最大光圈时有1.47级最大失光及1.15级平均失光。

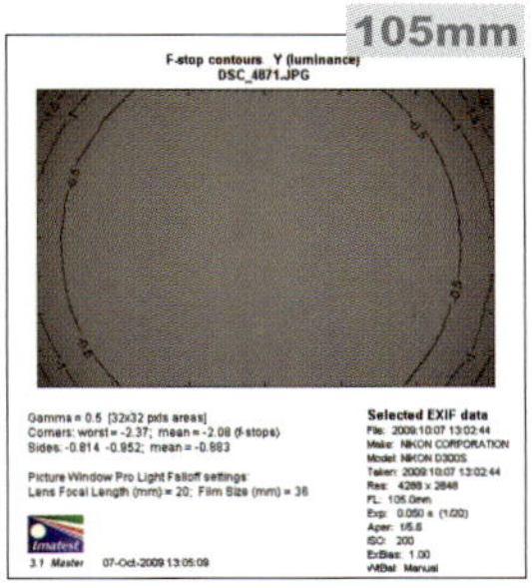

▲Imatest分析结果：最大光圈时有2.37级最大失光及2.08级平均失光。

变形控制测试

此镜的变形控制能力不算出色。在广角18mm时，出现严重的桶状变形，变形问题由35mm前为桶状，变成35mm后为枕状；在远摄105mm时，虽然出现枕状变形，但程度比广角低。

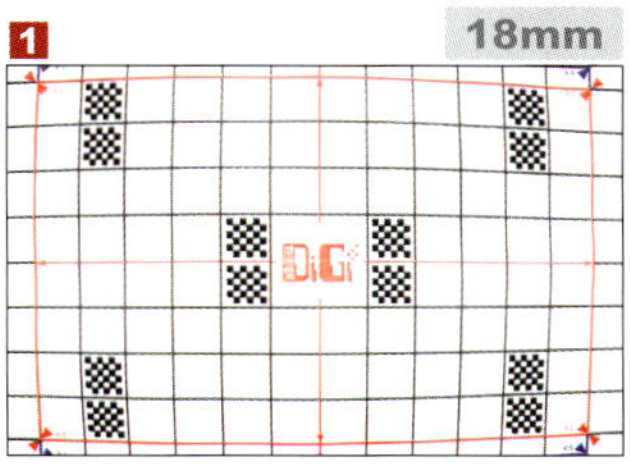

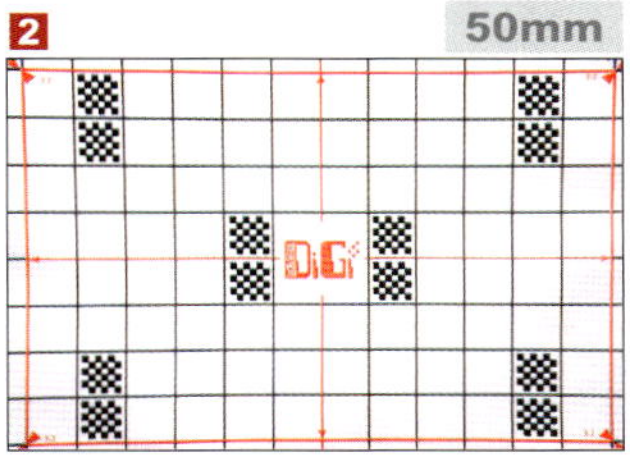

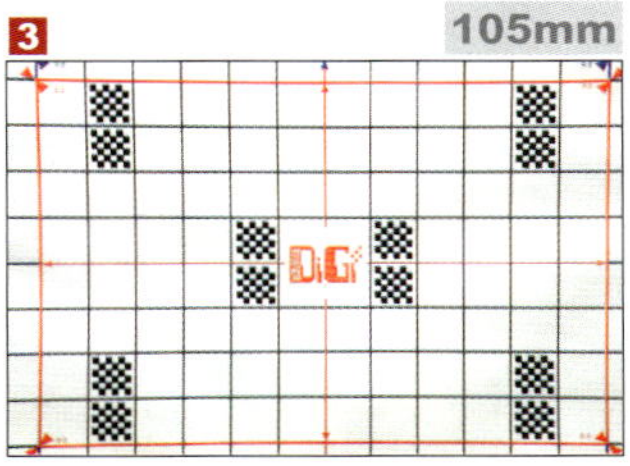

1. 变形问题：严重的桶状变形
2. 变形问题：轻微的枕状变形
3. 变形问题：轻微的枕状变形

测试后记

笔者曾经是D70s的用户，所以拥有一支AF-S DX 18-70mm。当时直至现在都是对此镜有高度评价，因为质量高，而且外型好。然后升级入手了D90的连镜套装，质量上不会觉得两镜相差太远，但手感和做工上却会觉得初代的AF-S DX 18-70mm优胜很多很多......不只那个对焦位置显示窗，还有金属卡口，都是在新镜中看不到的，虽然有点失望，但当观乎其质量、功能和价值后，都明白厂方只是向着另一个发展方向去了。此镜配合D90以套装形式发售，绝对引引到不少第一次买机的入门用者。

AF-S DX Nikkor 18-105mm f/3.5-5.6G ED VR

SPEC

镜片结构：11组15片
135相对焦距：27-157.5mm
对角线视角：76° - 15° 20'
最大光圈：f/3.5-5.6
最小光圈：f/22-38
光圈叶片：7片（圆形）
最近对焦：0.45m
放大率：0.2X
对焦系统：SWM马达
防震级数：3级
遮光罩：HB-32花瓣型（随镜附送）
滤镜尺寸：67mm
直径：76mm
长度：89mm
重量：420g

编辑评分

影像质量：★★★★　对焦效能：★★★　专业性质：★★★　机动性：★★★★★　价性比：★★★★★

每项评分最高5★

AF-S DX Nikkor 18-105mm f/3.5-5.6G ED VR拍摄示范

拍摄者：Sam YAU
机身：Nikon D90
镜头：AF-S DX Nikkor 18-105mm f/3.5-5.6G ED VR
光圈：f/13
快门：1/125秒
感光度：ISO 200
白平衡：Auto WB
焦距：48mm（72mm相对焦距）

平价天涯镜

AF-S DX Zoom-Nikkor ED 18-135mm f/3.5-5.6G (IF)

参考售价：1299元

*资料由锐意于2009年12月15日提供

合适拍摄题材
- 风景
- 人像
- 旅游
- 抓拍

▲镜片结构：13组15片（2片非球面、1片ED透镜）

18-200VR的简化版

Nikon在DX镜头的层面上显得相当积极，单从每一部新的数码单镜头反光机也配备一支全新的套装镜头已可略知一二，例如随D80所推出的便是有高达7.5X变焦能力的DX 18-135mm镜头，而且是Nikon旗下第十支DX数码专用镜头，它的出现无疑就是缔造一支DX 18-200mm VR的“廉价版”选择。既然称得上廉价版，在功能上当然会被扣减吧！首当其冲便是取消了VR光学防手震系统，而在镜头结构方面却只有1片ED低色散镜片及2片非球面镜片，同时间镜头的对焦距离显示窗亦被取消，就连镜头卡口也变成了塑胶制造。在一系列大幅减低成本的工序下，18-135mm的价钱只是DX 18-200mm VR的四成左右。不过“一钱一分货”的道理并没有错的，镜头的成像表现也只属一般，大家可从后面的测试中可感受得到。

比入门再高一点

虽然有很多功能也无法在DX 18-135mm身上体验得到，但值得令人高兴的是仍然使用SWM马达，而且对焦表现也是相当敏锐快速，绝不逊于其他富贵金圈镜头。值得一提的是，这支DX 18-135mm镜头配备全时手动对焦的功能，不过在镜身的自动对焦切换键中，自动对焦一个选项却以“A”，而非过往使用的“M/A”作显示。若不是亲手把玩过，也可能误解了这支镜头，以为不支持全时手动对焦的功能。虽然DX 18-135mm拥有7.5倍光学变焦，不过由于用料一般，成像也不是十分理想，这反而令很多人考虑同厂的D70s 套装镜DX 18-70mm，无论卡口用料、成像表现及外观上，DX 18-70mm都较胜人一筹。至于所欠缺的长焦距部分，可选择与D80同期推出的Nikon AF-S Zoom-Nikkor 70-300mm f/4.5-5.6G VR IF-ED填补。

▲镜头在最远的135mm端时，镜身会大幅伸长，不过以如此高倍数镜头来说仍是可以接受。

▲镜头只用上塑胶卡口，耐用性相对金属卡口低，也会较容易被刮花。

▲此镜与D80一起推出，亦与D80一起“退役”。

AF-S DX Zoom-Nikkor ED 18-135mm f/3.5-5.6G (IF)质量测试

SFR解像度测试

以一支入门高倍数变焦镜来说，其表现可说不过不失，虽然分数不算是很突出，但是中央位置的解像力是很值得一赞的。在测试下，各焦距的中央位置都平均约有1700LW/PH的分数，奈何最高分数也只是1700LW/PH左右，否则就更令人喜出望外。

	最大光圈	f/4	f/5.6	f/8	f/11	f/16
18mm						
中央	1719LW/PH(f/3.5)	1728LW/PH	1733LW/PH	1699LW/PH	1715LW/PH	1697LW/PH
边缘	1167LW/PH(f/3.5)	1417LW/PH	1540LW/PH	1551LW/PH	1522LW/PH	1622LW/PH
55mm						
中央	1783LW/PH(f/5)		1784LW/PH	1730LW/PH	1676LW/PH	1700LW/PH
边缘	1456LW/PH(f/5)		1460LW/PH	1583LW/PH	1656LW/PH	1610LW/PH
135mm						
中央	1635LW/PH(f/5.6)			1721LW/PH	1632LW/PH	1574LW/PH
边缘	1422LW/PH(f/5.6)			1517LW/PH	1489LW/PH	1403LW/PH

变形控制测试

此镜在广角端有明显的桶状变形情况，拍摄时亦会明显察觉，至于远摄端，也见若干程度的枕状变形。

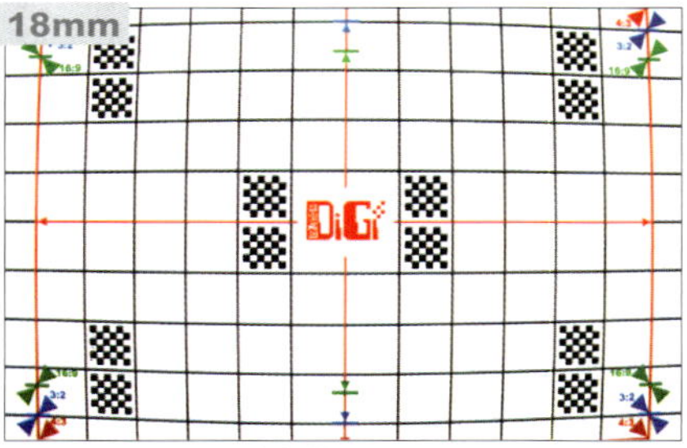

▲变形问题：明显的桶状变形

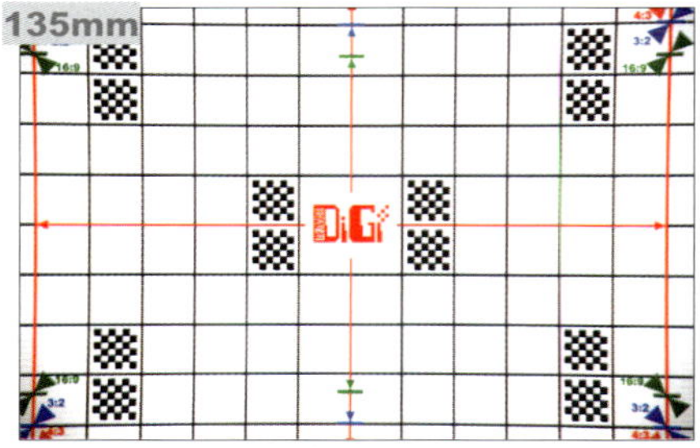

▲变形问题：轻微的枕状变形

四角失光测试

就失光表现，镜头在最大光圈情况下，最广端的角位失光颇为严重，平均有2.13级的失光，以广角端来说，大家仍可以接受。至于135mm最远摄端就有约1.88级的失光，表现还可以，在很多情况拍摄，是不容易察觉的。

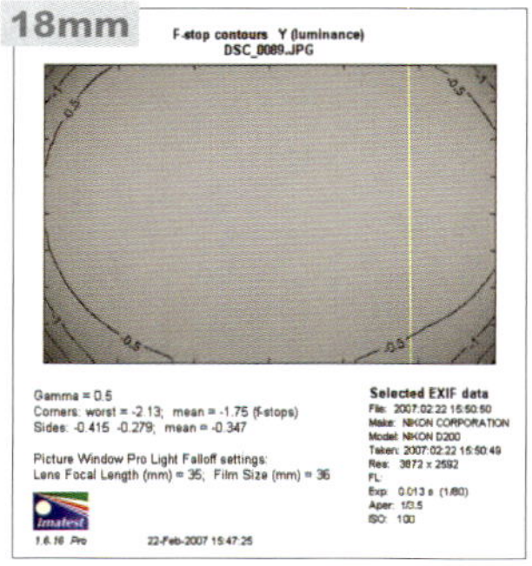

▲Imatest分析结果：最大光圈时有2.13级最大失光及1.75级平均失光。

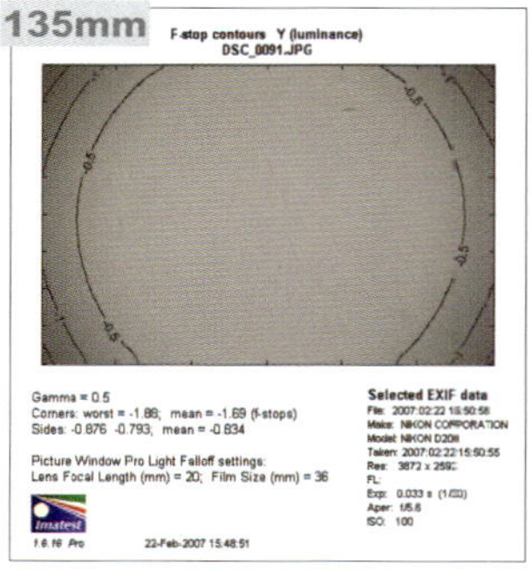

▲Imatest分析结果：最大光圈时有1.88级最大失光及1.69级平均失光。

测试后记

论一支镜头的好坏，“值得卖”或否，每个人的考虑因素及比重都不同。由于此镜与D80和笔者一起到泰国详测，相处时间实在很多，拍下的相片也很多，所以对这支镜头的体会更深刻。有理由相信，大家购买此镜，肯定是因为18-135mm焦距十分实用，基本上已可以一镜打天下。对预算不多又爱一镜走天涯的人肯定是上佳之选。若经常会输出大尺寸的相片印刷，对于镜头的解像力比较看重。虽然焦距实用是它的优点，但是解像力未算突出也是事实。如果是金属卡口的话，应该会令人更感受到Nikon的诚意。

AF-S DX Zoom-Nikkor ED 18-135mm f/3.5-5.6G (IF)

SPEC.

镜片结构：13组15片
135相对焦距：27-202.5mm
对角线视角：76-105°
最大光圈：f/3.5-5.6
最小光圈：f/22-38
光圈叶片：7片（圆形）
最近对焦：0.45m
对焦系统：SWM马达
防震级数：不支持
遮光罩：HB-32花瓣型（随镜附送）
滤镜尺寸：67mm
直径：73.5mm
长度：86.5mm
重量：385g

编辑评分

影像质量：★★★ 对焦效能：★★★ 专业性质：★★★★ 机动性：★★★★★ 价性比：★★★★★

AF-S DX Zoom-Nikkor ED 18-135mm f/3.5-5.6G（IF）拍摄示范

拍摄者：Carrie TSUI
机身：Nikon D300
镜头：AF-S DX Zoom-Nikkor ED 18-135mm f/3.5-5.6G (IF)
光圈：f/8
快门：1/125秒
感光度：ISO 200
白平衡：Auto WB
焦距：87mm（130.5mm相对焦距）

热卖万用防震利器

AF-S DX VR Zoom-Nikkor ED 18-200mm f/3.5-5.6G (IF)

参考售价：4999元

*资料由锐意于2009年12月15日提供

合适拍摄题材

- 风景
- 人像
- 旅游
- 花卉昆虫
- 抓拍

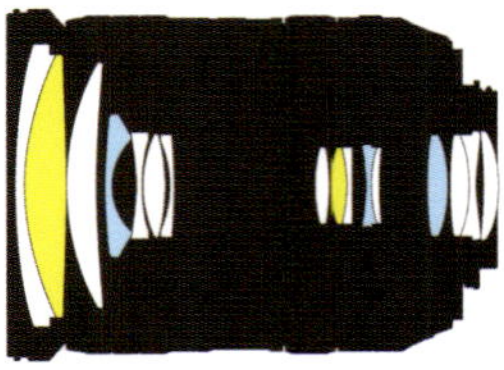

□: ED glass elements
□: Aspherical lens elements

▲镜片结构：12组16片（3片非球面、2片ED透镜）

初代防震天涯镜

市面上早已经有18-200mm这个焦段的镜头，由于覆盖焦距范围广，方便性奇高，就算只带一支镜，都已足够应付不同的场合，所以成为热卖之列实在不无道理。虽然此镜一点也不便宜，但是由于一支镜头已包涵多支镜头的焦距，对于预算不多的人，也是个非常引引的原厂镜选择。这支镜头在焦距换算后为27-300mm，这样的焦距实在方便，同时配备SWM超声波马达及第二代VR防手震系统，就令它的实用性更加突出。它的第二代VR防手震系统能够补偿4级快门的震动，特别是使用远摄端时，焦距换算后达300mm，4级防震绝对帮得上用户很大的忙。要拍出不手震、不模糊的相片，在实拍时保证大家可感受到。

主打中阶用户市场

手感方面，身为一支G型镜头，镜身上并不存在光圈环。变焦环在前，对焦环在后，套在D90、D300s等身上，平衡感十分不错。实试过后，感觉此镜解像表现虽和预计一样，不及镜皇DX 17-55mm f/2.8G，但也不俗。到了70mm或过后，解像力有明显下降的趋势，换个角度来看，如此高倍数的镜头，在远摄端解像力上实在难有太大的期望，相信焦距上的便利性可弥补这不足。不过较为可惜是镜筒的金属部分不多，虽然带来轻巧的优点，但始终不能跻身于镜皇群之中，令人有点失望。同时亦由于变焦倍率极高，广角端的变形控制只是一般，出现明显的桶状变形。

▲镜头在最远的200mm端时，镜身会大幅伸长，而容易令尘埃进入镜筒内。

▲镜头附有防水滴胶边，防水能力有一定保证。

▲若长时间把镜头挂在膊头，有机会因地心引力，令镜头自动向下伸长。

拓展阅读

VR II第一位成员

此镜乃Nikon首支配备VR II光学防震系统的镜头，能够抵换4级的快门速度。在日本曾与D200一起推出镜头套装。

AF-S DX VR Zoom-Nikkor ED 18-200mm f/3.5-5.6G (IF)质量测试

SFR解像度测试

整体上镜头的表现不过不失，尤其在18-70mm这个焦距内，镜头的解像力也有上佳表现，只是由70mm焦距开始，在某些光圈已开始看到解像力明显下降，特别是到了200mm端，分数更是大幅下滑，令影像好像有点朦胧不清。但还是那一句，如此高倍数变焦镜，实在难以要求太高。

	最大光圈	f/4	f/5.6	f/8	f/11	f/16
18mm						
中央	1656LW/PH(f/3.5)	1710LW/PH	1806LW/PH	1789LW/PH	1699LW/PH	1587LW/PH
边缘	1093LW/PH(f/3.5)	1121LW/PH	1370LW/PH	1418LW/PH	1510LW/PH	1555LW/PH
55mm						
中央	1475LW/PH(f/4.8)		1552LW/PH	1668LW/PH	1611LW/PH	1512LW/PH
边缘	1489LW/PH(f/4.8)		1473LW/PH	1647LW/PH	1329LW/PH	1466LW/PH
135mm						
中央	1536LW/PH(f/5.6)			1688LW/PH	1587LW/PH	1457LW/PH
边缘	1455LW/PH(f/5.6)			1567LW/PH	1355LW/PH	1310LW/PH
200mm						
中央	1443LW/PH(f/5.6)			1483LW/PH	1420LW/PH	1428LW/PH
边缘	980LW/PH(f/5.6)			1075LW/PH	1158LW/PH	1264LW/PH

变形控制测试

在18mm有明显的桶状变形的情况，拍摄时亦肯定会明显察觉，至于远摄端，只见到轻微的枕状变形情况。

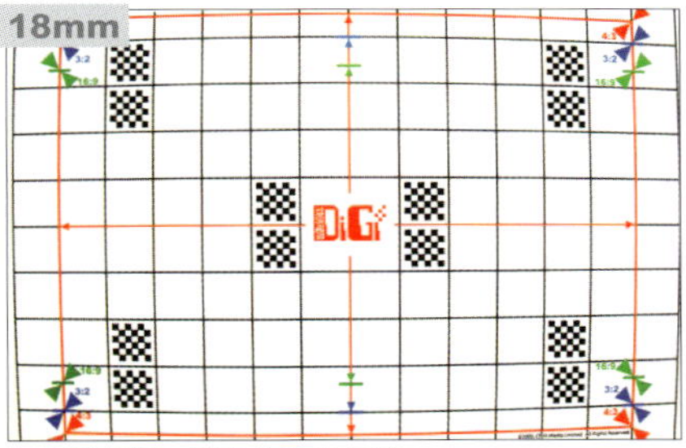

▲变形问题：严重的桶状变形

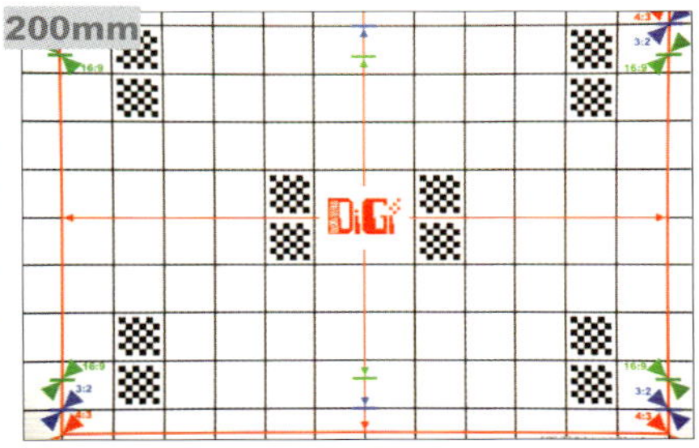

▲变形问题：轻微的枕状变形

四角失光测试

以高倍数变焦镜而言，此镜的失光情况比预期中好上很多，在18mm焦距与200mm焦距下分别有平均1.95级及1.44级失光。在中值光圈下拍摄，也不容易察觉失光的问题。

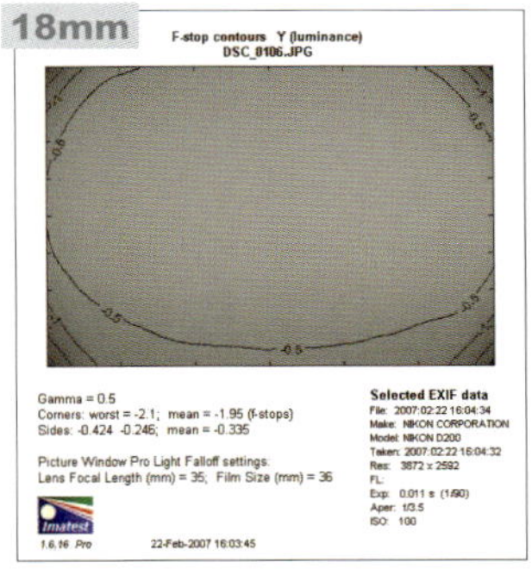

◀Imatest分析结果：最大光圈时有2.1级最大失光及1.95级平均失光。

◀Imatest分析结果：最大光圈时有1.81级最大失光及1.44级平均失光。

测试后记

记得当初此镜连D200推出时，已经掀起一阵抢购热潮，不少相机店都曾出现缺货的情况。就算有现货出售，也试过被炒卖至七千多元的天价，而购买此镜的人依然不少。究其原因，此镜的焦距实用，覆盖的拍摄题材甚广是其中一个重要原因。但同时拥有超声波马达及防震系统的，可选的极少。就因为如此，个人就觉得，Nikon这支18-200mm之所以如此人气高企，VR防手震实在是功劳不少。

AF-S DX VR Zoom-Nikkor ED 18-200mm f/3.5-5.6G (IF)

SPEC.

镜片结构：12组16片
135相对焦距：27-300mm
对角线视角：76°-8°
最大光圈：f/3.5-5.6
最小光圈：f/22-36
光圈叶片：7片（圆形）
最近对焦：0.5m
放大率：0.22X
对焦系统：SWM马达
防震级数：4级
遮光罩：花瓣型（随镜附送）
滤镜尺寸：72mm
直径：77mm
长度：96.5mm
重量：560g

编辑评分

影像质量：★★★★ 对焦效能：★★★★ 专业性质：★★★★ 机动性：★★★★★ 价性比：★★★★★

每项评分最高5★

AF-S DX VR Zoom-Nikkor ED 18-200mm f/3.5-5.6G (IF)
拍摄示范

拍摄者：Sam YAU
机身：Nikon D90
镜头：AF-S DX VR Zoom-Nikkor ED 18-200mm f/3.5-5.6G (IF)
光圈：f/5.6
快门：1/500秒
感光度：ISO 200
白平衡：Auto WB
焦距：200mm（300mm相对焦距）

反地心引力II代

AF-S DX Nikkor 18-200mm f/3.5-5.6G ED VR II

参考售价：5699元

*资料由锐意于2009年12月15日提供

合适拍摄题材

- 风景
- 人像
- 旅游
- 花卉昆虫
- 抓拍

□ED □非球面

▲镜片结构：组片（3片非球面、2片ED透镜）

同级之最

此镜（和前身I代）与其他品牌的不同之处，是在远摄端时的最大光圈保持着f/5.6，令大部分AF感应器运作如常，更开创了是同类型防震天涯镜的先河。所用的第二代VR（Vibration Reduction）光学防震系统，提供最高的4级快门补偿能力，在多年来的用者使用评价中都一致获得好评。此镜在D300s上，更适合用于拍片用途上，对于追随拍摄镜和变焦爆炸效果，极为方便易用。而且此镜重量不轻也不重，平衡感不俗，镜身用料亦不马虎，不会有胶胶的感觉。

反引力提升

说到此II代版本与前代的明显不同之处就是镜身上添置了一个“Lock 18”键。当它被锁上后，就能把变焦环锁定于广角端18mm，用以防止镜筒因相机挂在肩膀上，镜头向下被地心引力引导向下而滑出伸长。另外，此镜对原有的SIC（Super Integrated Coating）超级综合镀膜都做出了改良，独家采用多层镜片镀层处理，进一步抵消镜面反射所致的鬼影和弦光，确保了影像品质和对比度。从镜头前方观察镜面镀膜色彩的确有极明显分别。其余在规格上，12组16片之镜片结构、特殊镜片的数目（2片ED低色散镜片及3片非球面镜片）、0.5m最近对焦距离，甚至是0.22X放大率等，效果和质量全都跟前代同出一辙。

▲I代和II代的主要分别：1）镜身的VR字样由红色转为金色。2）II代多了“Lock 18”按键。3）II代因多了“Lock 18”按键，令镜首的变焦环宽度缩减了少许。

▲有了“Lock 18”功能后，镜头不再因挂在肩上，而向下自动伸长。

▲当变焦至200mm时，镜头伸长一倍长度。

▲由最近的0.5m对焦至无限远，只需1/4个镜筒圆周。

▲II代与I代使用相同的VR II系统，一样提供4级快门速度补偿。

▲镜尾卡口拥有防尘防渗胶边，陪伴用户四处游历。

AF-S DX Nikkor 18-200mm f/3.5-5.6G ED VR II质量测试

SFR解像度测试

若比较新旧两支DX 18-200mm VR镜，大家都希望II代有所进步，但从测试得分上发现两镜的分数颇接近。个别来看，对于一支天涯镜，II代的表现不过不失。在18mm时表现优秀，但成绩不能保持到200mm上。

	最大光圈	f/4	f/5.6	f/8	f/11	f/16	f/22
18mm							
中央	1,878LW/PH（f/3.5）	1,844LW/PH	1,900LW/PH	1,872LW/PH	1,823LW/PH	1,748LW/PH	1,632LW/PH
边缘	1,757LW/PH（f/3.5）	1,719LW/PH	1,763LW/PH	1,788LW/PH	1,694LW/PH	1,671LW/PH	1,294LW/PH
70mm							
中央	1,892LW/PH（f/5）		1,768LW/PH	1,819LW/PH	1,801LW/PH	1,677LW/PH	1,669LW/PH
边缘	1,397LW/PH（f/5）		1,317LW/PH	1,344LW/PH	1,760LW/PH	1,628LW/PH	1,296LW/PH
200mm							
中央	1,767LW/PH（f/5.6）			1,756LW/PH	1,703LW/PH	1,071LW/PH	1,337LW/PH
边缘	874LW/PH（f/5.6）			930LW/PH	1,035LW/PH	991LW/PH	997LW/PH

变形控制测试

此镜的变形问题在广角端时比较严重。变焦至远摄后大有改善。

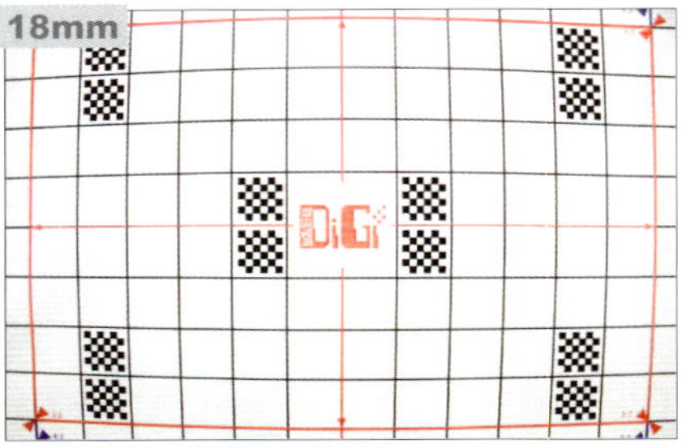

▲变形问题：严重的桶状变形

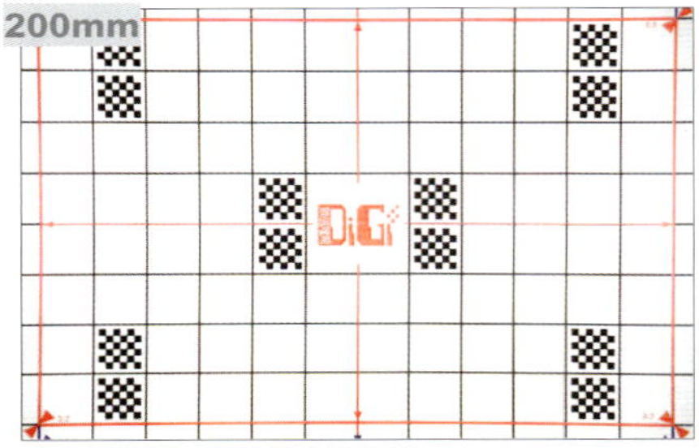

▲变形问题：轻微的枕状变形

四角失光测试

在失光情况中，此镜比I代好。在普遍情况下拍摄，也不容易察觉失光的问题。

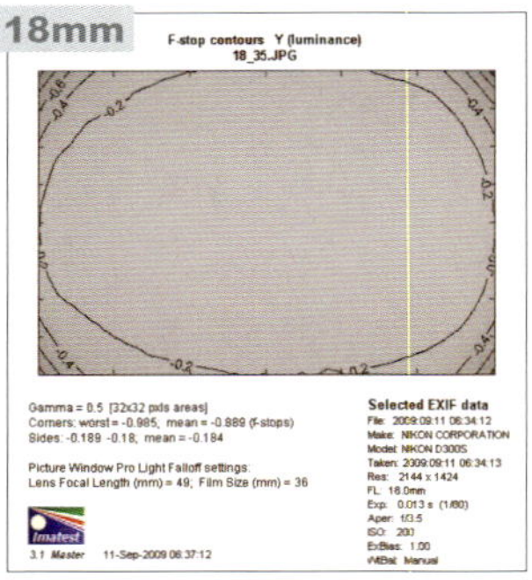

▲Imatest分析结果：最大光圈时有0.985级最大失光及0.889级平均失光。

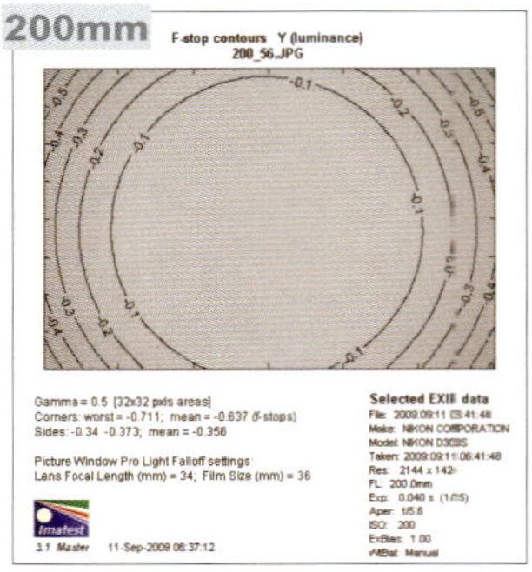

▲Imatest分析结果：最大光圈时有0.711级最大失光及0.637级平均失光。

测试后记

很多人都会问："为何此镜不像同期的'小黑6'般，比前代有更多ED镜和新功能，才推出市面？"只多了一个"Lock 18"键，其他也没有明显进步，此举有点令人费解。回头看，上代推出了近4年，依然颇受用户欢迎。来到新镜II代，虽然开售价比I代为高，但都可以算在通涨之上，况且一个锁定键加新的SIC涂膜，算是一点报偿吧。

AF-S DX Nikkor 18-200mm f/3.5-5.6G ED VR II

镜片结构：12组16片
135相对焦距：27-300mm
对角线视角：76° - 8°
最大光圈：f/3.5-5.6
最小光圈：f/22-36
光圈叶片：7片（圆形）
最近对焦：0.5m
放大率：0.22X
对焦系统：SWM马达
防震级数：4级
遮光罩：HB-35花瓣型（随镜附送）
滤镜尺寸：72mm
直径：77mm
长度：96.5mm
重量：565g

编辑评分

影像质量：★★★★　对焦效能：★★★★　专业性质：★★★★　机动性：★★★★★　价性比：★★★★★

每项评分最高5★

AF-S DX Nikkor 18-200mm f/3.5-5.6G ED VR II拍摄示范

拍摄者：Sam YAU
机身：Nikon D300s
镜头：AF-S DX Nikkor 18-200mm f/3.5-5.6G ED VR II
光圈：f/8
快门：1/60秒
感光度：ISO 200
白平衡：Auto WB
焦距：70mm（105mm相对焦距）

入门远摄防震长镜

AF-S DX VR Zoom-Nikkor ED 55-200mm f/4-5.6G (IF)

参考售价：1599元

*资料由锐意于2009年12月15日提供

合适拍摄题材

- 人像
- 旅游
- 花卉昆虫

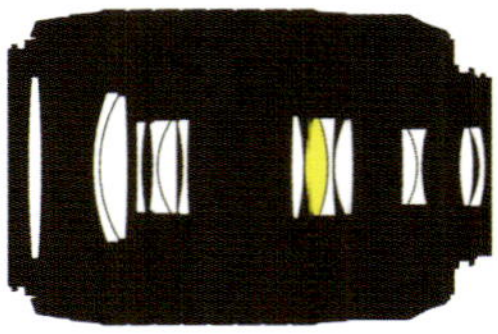

▲镜片结构：11组15片（1片ED透镜）

防震加持

又一次证明Nikon在产品改良方面，是不遗余力，这支镜头就上一代无防震版本上做出大幅改良，令本身已评价极高的镜头，更加受注目。最明显不过的，肯定是加入VR光学防手震设计，虽然只是第一代VR防震设计，但是已令此镜光圈小的缺点，得到补偿修正。有了实用的防震功能，大家以长焦距拍摄时就可更放心了。大家别以为此镜只是在上代镜的基础上，加入了VR防手震而已，其实镜头在设计上，已经差不多是被改头换面。镜头体积大了，亦比以前重了110g，但以长焦距兼有防手震功能来说，仍然称得上轻巧。

优化改良

另外，大家不妨细心留意一下此镜与旧版本在外观上的分别，如前面所说，新镜是长一点，但如果变焦至200mm焦距，当镜头伸长时，大家就会发现，原来已由以前3节式伸展，改为1节式而已，虽然新设计没有令伸出程度减低，但个人觉得由于节数减少了，可减轻在节与节之间的入尘问题。当自己拿起此镜时，手感很像70-300mm VR，感觉肯定比没有VR版本扎实，而且手动对焦环亦比以前粗大了许多，使用手动变焦时感觉更佳。不过最令人可惜的是镜头减去了1片ED镜片，而且最近对焦距离亦由0.95m增长至1.1m，如果是拍人时，由于彼此的距离远了，也可能令沟通增加难度。幸好是镜头仍具备静宁静波动马达，对焦动作依然快而宁静，上代镜在对焦时出现的“支支”声音，在VR版本下亦得到改善。

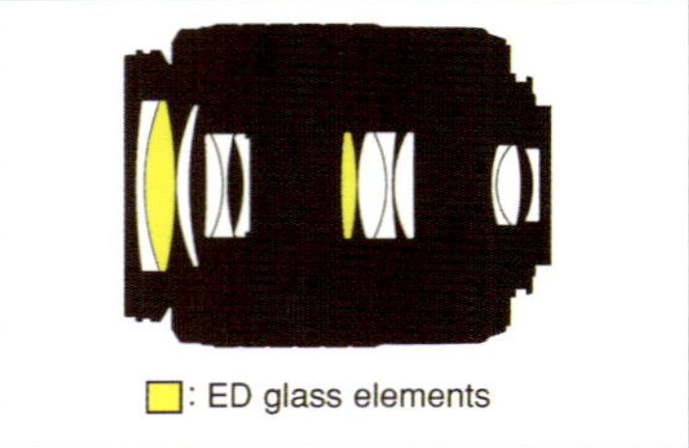

▲上代无防震版本的光学结构：9组13片（2片ED透镜）

▲新版伸长时是1节式设计，相比旧版本3节式有所不同。

▲镜身上的VR红色标志，令人增加购买的冲动。

拓展阅读

史上最便宜的AF-S长焦距VR镜

此镜焦距衔接着套装镜DX 18-55mm VR。为配合市场定位，成为Nikon史上最便宜的一支AF-S长焦距VR镜头。

AF-S DX VR Zoom-Nikkor ED 55-200mm f/4-5.6G (IF)质量测试

SFR解像度测试

测试下，分数上虽然不能与顶级镜头相比，但是以一支廉价镜头来说，已经是交足功课。除最大光圈外，中央位置的表现都是徘徊1700LW/PH的分数左右，只是边缘位置稍稍逊色，只是约1500LW/PH的分数。

	最大光圈	f/5.6	f/8	f/11	f/16
55mm					
中央	1707LW/PH(f/4)	1747LW/PH	1889LW/PH	1753LW/PH	1656LW/PH
边缘	1353LW/PH(f/4)	1581LW/PH	1610LW/PH	1644LW/PH	1544LW/PH
135mm					
中央	1611LW/PH(f/5)	1780LW/PH	1730LW/PH	1676LW/PH	1703LW/PH
边缘	1327LW/PH(f/5)	1412LW/PH	1555LW/PH	1589LW/PH	1540LW/PH
200mm					
中央	1524LW/PH(f/5.6)		1677LW/PH	1698LW/PH	1560LW/PH
边缘	1317LW/PH(f/5.6)		1569LW/PH	1558LW/PH	1482LW/PH

变形控制测试

在广角端中出现的极轻微的枕状变形，而在远摄端的变形情况变得不明显。两端问题不大，可以接受。

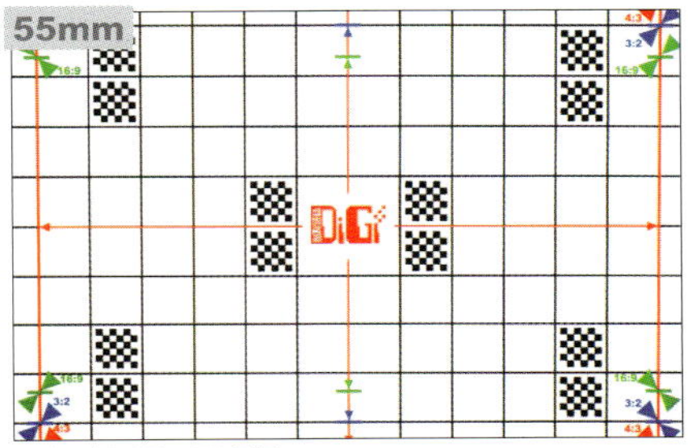

▲变形问题：不明显

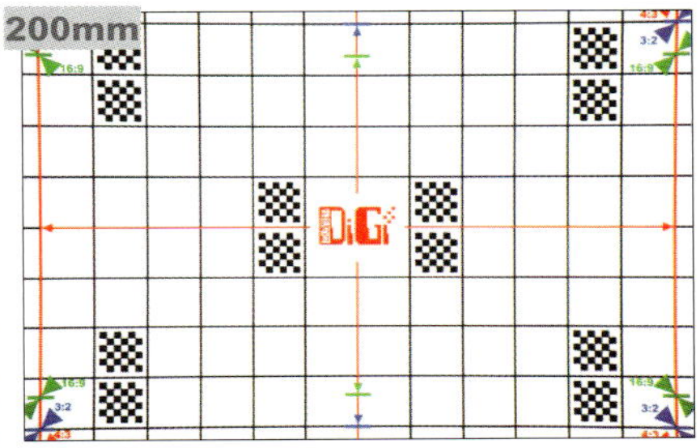

▲变形问题：不明显

四角失光测试

就失光表现，VR新版无论是最广角的55mm及最远摄的200mm，失光情况并不严重，分别只有平均1.23及1.44级的失光，实在比预期中理想很多，拍摄时肯定不容易察觉。

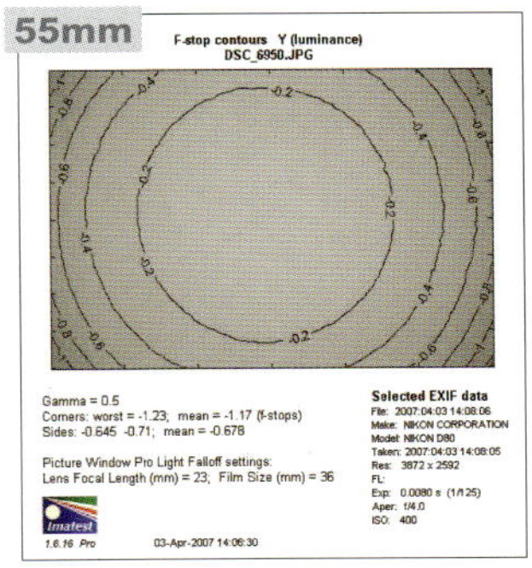

▲Imatest分析结果：最大光圈时有1.23级最大失光及1.17级平均失光。

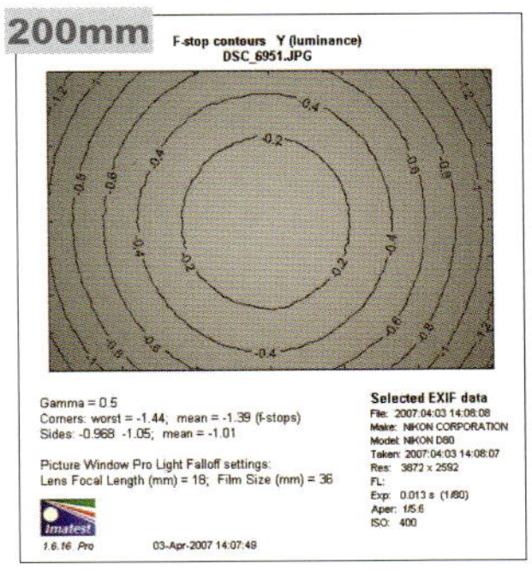

▲Imatest分析结果：最大光圈时有1.44级最大失光及1.39级平均失光。

测试后记

一般来说，大家多会先购买一支广角至中段的变焦镜头，作为最基本拍摄之用，用了一段时间后，便会想多添购一支镜头，远摄镜肯定是其中之一。如果不想花费太多金钱的话，便宜的两三千元镜头就是个很好的选择，此镜能如此热卖也不无道理。就自己使用过此镜的感觉来说，其表现是远超预期，一身高解像、轻巧、对焦不慢及VR防震表现，自己想也没想像过，会在这支廉价的镜头身上找到。不过这支镜头也不是没有弱点的，特别是光圈值真的不够用，在稍微光源不足的环境下，要达到能锁定人物动作的快门，似乎是不可能做到的事。

AF-S DX VR Zoom-Nikkor ED 55-200mm f/4-5.6G (IF)

SPEC.

镜片结构：11组15片
135相对焦距：82.5-300mm
对角线视角：28° 50' - 8°
最大光圈：f/4-5.6
最小光圈：f/22-32
光圈叶片：7片（圆形）
最近对焦：1.1m
对焦系统：SWM马达
防震级数：3级
遮光罩：HB-37桶型（随镜附送）
滤镜尺寸：52mm
直径：73mm
长度：99.5mm
重量：335g

编辑评分

影像质量：★★★★　对焦效能：★★★★　专业性质：★★★　机动性：★★★★★　价性比：★★★★★

每项评分最高5★

AF-S DX VR Zoom-Nikkor ED 55-200mm f/4-5.6G (IF)拍摄示范

拍摄者：Gary PANG
机身：Nikon D80
镜头：AF-S DX VR Zoom-Nikkor ED 55-200mm f/4-5.6G (IF)
光圈：f/5.6
快门：1/160秒
感光度：ISO 1600
白平衡：Auto WB
焦距：200mm（300mm相对焦距）

AF-S Micro NIKKOR 60mm f/2.8G ED
拍摄示范

拍摄者：Chloe WAN
机身：Nikon D300
镜头：AF-S Micro NIKKOR 60mm f/2.8G ED
光圈：f/11
快门：1/125秒
感光度：ISO 400
白平衡：Auto WB
焦距：60mm（90mm相对焦距）

防震“百微”

AF-S VR Micro-Nikkor ED 105mm f/2.8G（IF）

参考售价：5799元

*资料由锐意于2009年12月15日提供

合适拍摄题材

- 人像
- 花卉昆虫
- 商品

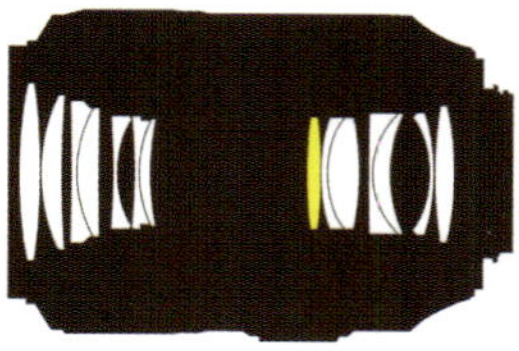

: ED glass elements

▲镜片结构：12组14片（1片ED透镜及1面NC镀膜）

重量级之作

不知是祸是福，此镜比上代AF Micro-Nikkor 105mm f/2.8D重了近一半，滤镜更由52mm增大成62mm，可想而知此镜的体积巨大。需要如机皇级的D3或高级的D300s加上电池手柄才比较平衡。但它采用的内对焦IF（Internal Focusing）设计，当接上了有防渗防尘保护的机身后，耐用能力十分有保证。另一方面，由此镜首创的微距镜加上防震组合，不怕因长时间手持拍摄而出现“手震”，轻易就能够兑现出微距镜头惊人的锐度。

NC镀膜加强镜片通透度

在镜片质量方面，在12组14片中除了备有一片低散色ED（Extra-low Dispersion）镜片外，还在最后的一片镜片上镀上了独门纳米水晶镀膜NC（Nano Crystal Coat），加强镜片的通透性，减低镜头的折射率，提升成像锐度，画质比上代AF Micro-Nikkor 105mm f/2.8D有过之而无不及。不过在使用最大光圈拍摄时，边缘位置会有轻微的失光情况，但只要稍收光圈，问题便可改善。说到它的第二代VR防手震技术，官方表示在无限远至3米的距离下可以补偿4级快门。而且其出色的色彩还原和浅景深效果，亦令不少人把它当成人像镜使用。

▲由此镜首创，结合微距及超声波AF马达功能，为微距镜带来全新景象。

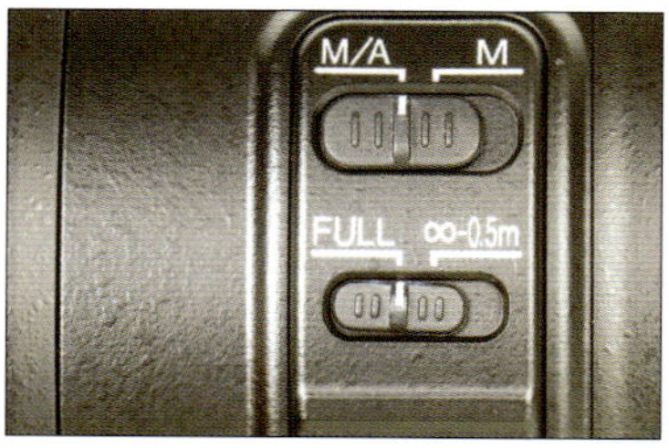

▲若用来拍摄人像，可以把对焦范围改成由无限远至0.5米，加快对焦行程。

▲此镜拥有Nikon最强科技和最佳产地的特质。

拓展阅读

近摄时VR停用？

虽然厂方提示防震效果有距离条件，令一些用者误解以为此镜在近摄时VR系统会停止工作，其实非也非也，只是当放大率变得太高，防震效果不易发现。当在极宁静的无声工作环境，半按快门后，一样会听到VR系统启动的细小声音。

AF-S VR Micro-Nikkor ED 105mm f/2.8G（IF）质量测试

SFR解像度测试

此镜的解像力颇高而且在不同光圈值时得分平均。从得分数值中发现，此镜有别于一般镜头，大光圈时比f/8有更高的解像力，然后慢慢回落。

	f/2.8	f/4	f/5.6	f/8	f/11	f/16	f/22	f/32
中央	2,010 LW/PH	2,026 LW/PH	1,987 LW/PH	1,999 LW/PH	1,972 LW/PH	1,928 LW/PH	1,843 LW/PH	1,694 LW/PH
边缘	1,895 LW/PH	1,866 LW/PH	1,870 LW/PH	1,937 LW/PH	1,920 LW/PH	1,879 LW/PH	1,813 LW/PH	1,691 LW/PH

变形控制测试

此镜有着不俗的变形控制能力，是支出色的商品拍摄之镜。

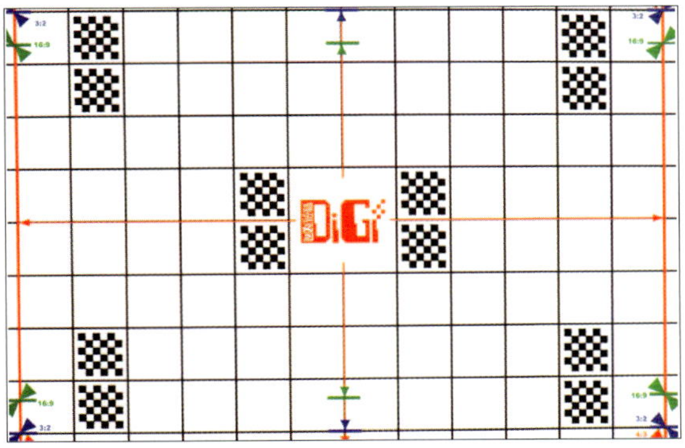

▲变形问题：不明显

四角失光测试

从测试结果分析，此镜在非微距拍摄时的失光问题比较严重，但最近对焦，即1:1放大时却是最轻微。微距镜的特别构造，内置了类似延伸管的原理，令最近焦距离有别于一般镜头，当近距离对焦时，影像的中央位置被大幅度放大，四角的暗角问题亦同时被排出影像范围。所以，此镜出现无限远时暗角最严重，当对焦愈近问题便愈轻微的情况。

对焦至无限远

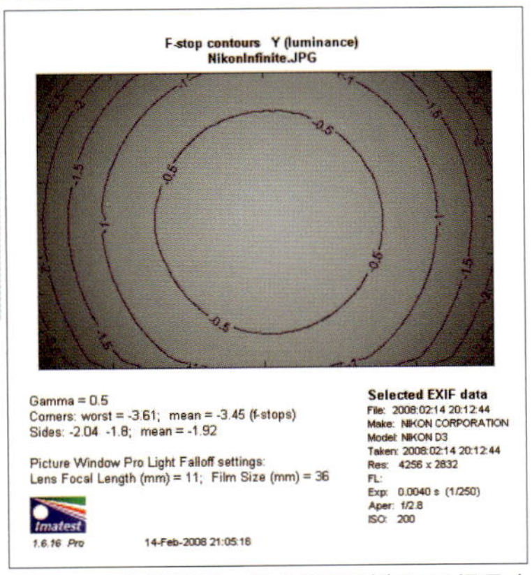

▲Imatest分析结果：最大光圈时有3.61级最大失光及3.45级平均失光。

最近对焦距离

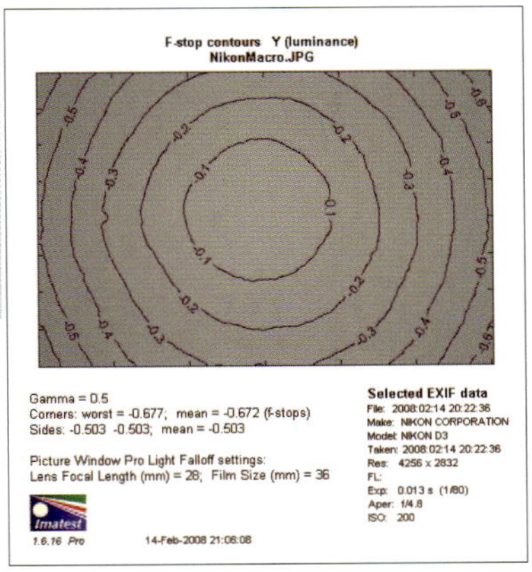

▲Imatest分析结果：最大光圈时有0.677级最大失光及0.672级平均失光。

测试后记

当这支镜头推出时，无论是在网上甚至身边的朋友，都会听到微距镜有如此大需要配备防手震技术吗？在真正拿上手测试过后，觉得很多时间，尤其是在户外（例如野外）拍摄，作用很大。的确，不少情况是不容许使用三脚架的，而防手震功能就正好填补了这个空隙。不过这优点也成了这镜头的缺点，因为体积和重量都超越一大批“百微”，而且此镜的售价也变得惊人。不过如果你注重是影像质量，这支镜头一定不会令人失望。

AF-S VR Micro-Nikkor ED 105mm f/2.8G（IF）

SPEC.

镜片结构：12组14片
对角线视角：23° 20'
最大光圈：f/2.8
最小光圈：f/32
光圈叶片：9片（圆形）
最近对焦：0.314m
放大率：1X
对焦系统：SWM马达
防震级数：4级
遮光罩：HB-38花瓣型（随镜附送）
滤镜尺寸：62mm
直径：83mm
长度：116mm
重量：750g

编辑评分

影像质量：★★★★★ 对焦效能：★★★★★ 专业性质：★★★★★ 机动性：★★★★ 价性比：★★★★★

AF-S VR Micro-NIKKOR 105mm f/2.8G (IF)
拍摄示范

拍摄者：Vic WONG
机身：Nikon D3
镜头：AF-S VR Micro-Nikkor ED 105mm f/2.8G（IF）
光圈：f/18
快门：1/125秒
感光度：ISO 200
白平衡：Custom WB
焦距：105mm

专业建筑摄影之利器
PC-E Nikkor 24mm f/3.5D ED

合适拍摄题材

- 风景
- 建筑
- 超现实艺术

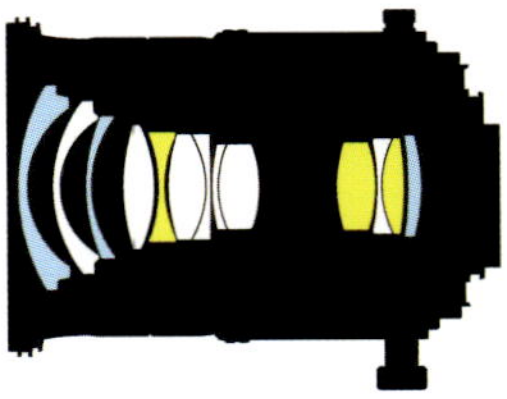

: ED glass elements

▲镜片结构：10组13片（3片非球面、3片ED透镜及1面NC镀膜）

参考售价：14500元

*资料由锐意于2009年12月15日提供

宝剑配英雄

此镜是在2008年PMA展览上，与D3一同发表的新镜之一。此镜的前身PC Nikkor 28mm f/3.5，虽然质量出众，但属极早期设计，未有加入消除D-SLR的感光元件的明显反光特性（问题）。加上在D3推出之前，全部Nikon D-SLR都拥有1.5X焦距裁放倍率，令PC 28mm f/3.5变得不够实用，实力大减。此镜配以D3一同推出，无疑令Nikon在最高的商业与专业建筑摄影用途上，再次大放异彩。加上镜头的各项高科技，在往后的测试，亦不负众望得到高质量评价。成为新生代建筑摄影师必选的超广角移轴镜头。

不移轴也好用

此镜采用了3枚ED镜片及3枚非球面镜片，用料十分上乘，而且再于第二块大型透镜的一面加入Nikon“招牌”科技的NC纳米结晶镀膜，不用多说亦会知它可帮助消除内部反射，减少鬼影和眩光等问题。拍摄时，它能对焦至0.21米的极近事物，比普通的AF 24mm f/2.8D的0.3米极限，拉近了不少，令放大率提高至0.37X。移轴镜要拥有大很多的影像覆盖能力，才能做出倾角和移轴动作。此镜所加大的覆盖能力，让它的轴心能做±11.5 mm的偏移和±8.5°的倾斜，左右90°旋转接环，令它能向任何方向移轴。厂方亦首次加入的电子光圈全开按钮，方便用户在对焦时，短暂跳离使用中的光圈值，利用全开光圈的入光量对焦。

▲在±11.5mm的偏移和±8.5°的倾斜后，仍能覆盖全画幅范围，是此镜的贵重之处。

▲镜身上新增的电子全开光圈按钮，不论设定了哪一个光圈值，都能即时全开协助手动对焦。

▲新增的电子触点，让D-SLR能侦测设定中的光圈值，实现A光圈先决和M全手动曝光的功能。

拓展阅读

对焦平面可以倾斜、透视点可以移位

一般正常没有故障的镜头，光学图的轴心，都是以中央为中心对称发展，所以当合焦在一个位置后，合焦平面会是垂直于光圈轴心。但依靠移轴镜的特别制作设计，让用户刻意改变合焦面的情况，做出特别的拍摄效果。

PC-E Nikkor 24mm f/3.5D ED 质量测试

SFR解像度测试

从数据得知，此镜在不同光圈的解像力均能保持于相当高水平。当使用最大光圈之时，成像得分高达1,920LW/PH ，而且一直持续至f/22光圈，在最小光圈f/32才有较明显的下落，但最低得分仍有1,647LW/PH之高。而当中最高分数出现于f/5.6中央位置之1,969LW/PH。在如此平均且接近的得分下，差不多不存在“最佳成像光圈”的考虑需要。

	f/3.5	f/4	f/5.6	f/8	f/11	f/16	f/22
中央	1,920LW/PH	1,937LW/PH	1,969LW/PH	1,941LW/PH	1,926LW/PH	1,813LW/PH	1,647LW/PH
边缘	1,615LW/PH	1,600LW/PH	1,707LW/PH	1,759LW/PH	1,838LW/PH	1,727 LW/PH	1,622LW/PH

四角失光测试

在失光测试中，验证出镜头没有出现严重黑角问题。而数据指出角位平均失光只有约-0.7级的失光。若把光圈收小半级至f/5.6，基本可以完全解决问题。

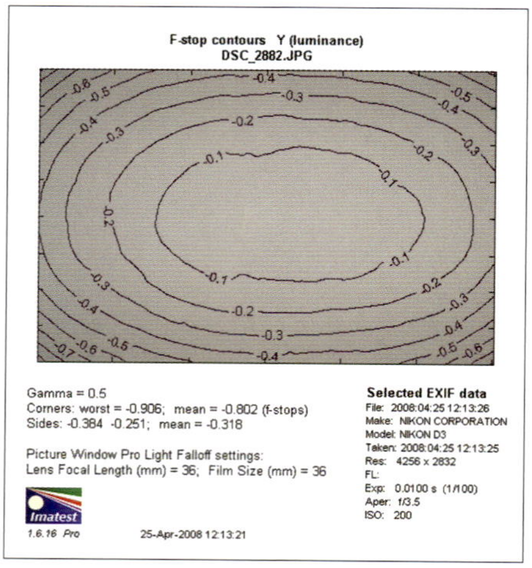

▲Imatest分析结果：最大光圈时有0.906级最大失光及0.802级平均失光。

变形控制测试

虽然以建筑摄影为主要用途目标，但镜头的桶状变形仍然存在。若与一般的24mm镜头相比，乃属正常。唯有使用Nikon的影像编辑软件，实现修正变形效果的功能。

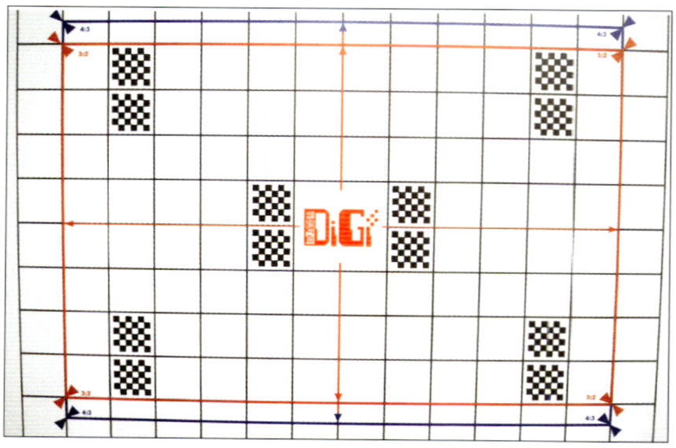

▲变形问题：明显的桶状变形

测试后记

笔者并非一个“器材先决”的用户，但会对“用机用镜”能有如此大兴趣的，应该是多年前初次接触的移轴镜的特别景深与透视控制能力，是超越已知范畴，全新的概念认知。如今，入手这支镜，除了一位位专业的建筑摄影师外，其实还十分适合追求特别摄影效果，希望拍出独特倾角效果的人。个人亦相当钟情于此镜的手感，手动对焦在光圈全开按键和顺畅的对焦环设计下，变成一个乐事。还有此镜影像锐利，但却又不失能自然虚化的散景表现。

PC-E Nikkor 24mm f/3.5D

SPEC.

镜片结构：10组13片
对角线视角：84°
最大光圈：f/3.5
最小光圈：f/32
光圈叶片：9片（圆形）
最近对焦：0.21m
放大率：0.37X
对焦系统：全手动
防震级数：不支持
遮光罩：HB-41桶型（随镜附送）
滤镜尺寸：77mm
直径：82.5mm
长度：108mm
重量：730g

编辑评分

影像质量：★★★★　对焦效能：不适用　镜身做工：★★★★★　机动性：★★★★　价性比：★★★★

PC-E Nikkor 24mm f/3.5D ED拍摄示范

拍摄者：Wang WU
机身：Nikon D3
镜头：PC-E Nikkor 24mm f/3.5D ED
光圈：f/3.5
快门：1.3秒
感光度：ISO 200
白平衡：Custom WB
焦距：24mm

Nikkor镜头规格总列

型号	支持画幅	最小光圈（f/）	最近对焦距离（m）	AF系统	镜头防震系统	滤镜尺寸（mm）	直径（mm）	长度（mm）	重量（g）
定焦镜系列									
AF Nikkor ED 14mm f/2.8D	135全画幅	22	0.2	机身传动类型	无	不设滤镜加装	87	86.5	670
AF f/isheye-Nikkor 16mm f/2.8D	135全画幅	22	0.25	机身传动类型	无	不设滤镜加装	63	57	290
AF Nikkor 20mm f/2.8D	135全画幅	22	0.25	机身传动类型	无	62	69	42.5	270
AF Nikkor 24mm f/2.8D	135全画幅	22	0.3	机身传动类型	无	52	64.5	46	270
AF Nikkor 28mm f/2.8D	135全画幅	22	0.25	机身传动类型	无	52	65	44.5	205
AF Nikkor 35mm f/2D	135全画幅	22	0.25	机身传动类型	无	52	64.5	43	205
AF Nikkor 50mm f/1.4D	135全画幅	16	0.45	机身传动类型	无	52	64.5	42.5	230
AF-S Nikkor 50mm f/1.4G	135全画幅	16	0.45	镜身超声波马达	无	58	73.5	54	280
AF Nikkor 50mm f/1.8D	135全画幅	22	0.45	机身传动类型	无	52	63.5	39	155
AF Nikkor 85mm f/1.4D（IF）	135全画幅	16	0.85	机身传动类型	无	77	80	72.5	550
AF Nikkor 85mm f/1.8D	135全画幅	16	0.85	机身传动类型	无	62	71.5	58.5	380
AF Nikkor ED 180mm f/2.8D（IF）	135全画幅	22	1.5	机身传动类型	无	72	78.5	144	760
AF-S VR Nikkor ED 200mm f/2G（IF）	135全画幅	22	1.9	镜身超声波马达	无	后置插片式52mm	124	203	2900
AF-S VR Nikkor ED 300mm f/2.8G（IF）	135全画幅	22	2.3	镜身超声波马达	无	后置插片式52mm	124	267.5	2870
AF-S Nikkor ED 300mm f/4D（IF）	135全画幅	32	1.45	镜身超声波马达	无	77	90	222.5	1440
AF-S Nikkor 400mm f/2.8G ED VR	135全画幅	22	2.8	镜身超声波马达	有	后置插片式52mm	59.5	368	4620
AF-S Nikkor 500mm f/4G ED VR	135全画幅	22	3.85	镜身超声波马达	有	后置插片式52mm	139.5	391	3880
AF-S Nikkor 600mm f/4G ED VR	135全画幅	22	4.8	镜身超声波马达	有	后置插片式52mm	166	445	5060
AF DX f/isheye-Nikkor ED 10.5mmF2.8G	APS-C	22	0.14	机身传动类型	无	不设滤镜加装	63	62.5	305
AF-S DX Nikkor 35mm f/1.8G	APS-C	22	0.3	镜身超声波马达	无	52	70	52.5	200
变焦镜系列									
AF-S Nikkor 14-24mm f/2.8G ED	135全画幅	22	0.28	镜身超声波马达	无	不设滤镜加装	98	131.5	1000
AF-S Nikkor ED 17-35mm f/2.8D（IF）	135全画幅	22	0.28	镜身超声波马达	无	77	82.5	106	745
AF Nikkor ED 18-35mm f/3.5-4.5D（IF）	135全画幅	22	0.33	机身传动类型	无	77	82.5	82.5	370
AF-S Nikkor 24-70mm f/2.8G ED	135全画幅	22	0.38	镜身超声波马达	无	77	83	133	900
AF Nikkor 24-85mm f/2.8-4D（IF）	135全画幅	22	0.5	机身传动类型	无	72	78.5	82.5	545
AF-S VR Nikkor ED 24-120mm f/3.5-5.6G（IF）	135全画幅	22	0.5	镜身超声波马达	有	72	77	94	575
AF-S VR Nikkor ED 70-200mm f/2.8G（IF）	135全画幅	22	1.4	镜身超声波马达	有	77	87	215	147

AF-S Nikkor 70-200mm f/2.8G ED VR II	135全画幅	22	1.4	镜身超声波马达	有	77	87	205.5	1540
AF-S VR Nikkor ED 70-300mm f/4.5-5.6G（IF）	135全画幅	32-40	1.5	镜身超声波马达	有	67	80	143.5	745
AF Nikkor 70-300mm f/4-5.6G	135全画幅	32	1.5	机身传动类型	无	62	74	116.5	425
AF Nikkor ED 80-200mm f/2.8D	135全画幅	22	1.5	机身传动类型	无	77	87	187	1300
AF VR Nikkor ED 80-400mm f/4.5-5.6D	135全画幅	32	2.3	机身传动类型	有	77	91	171	1360
AF-S VR Nikkor ED 200-400mmF4G(IF)	135全画幅	32	2	镜身超声波马达	有	后置插片式52mm	124	365	3275
AF-S DX Nikkor 10-24mm f/3.5-4.5G ED	APS-C	22-29	0.24	镜身超声波马达	无	77	82.5	87	460
AF-S DX Nikkor ED 12-24mm f/4G（IF）	APS-C	22	0.3	镜身超声波马达	无	77	82.5	90	465
AF-S DX Nikkor ED 17-55mm f/2.8G（IF）	APS-C	22	0.36	镜身超声波马达	无	77	85.5	110.5	755
AF-S DX Nikkor 16-85mm f/3.5-5.6G ED VR	APS-C	22-36	0.38	镜身超声波马达	有	67	72	85	485
AF-S DX Nikkor ED 18-55mm f/3.5-5.6G	APS-C	22-38	0.28	镜身超声波马达	无	52	69	74	210
AF-S DX Nikkor ED 18-55mm f/3.5-5.6G II	APS-C	22-38	0.28	镜身超声波马达	无	52	70.5	74	205
AF-S DX Nikkor 18-55mm f/3.5-5.6G VR	APS-C	22-36	0.28	镜身超声波马达	有	52	73	79	265
AF-S DX Nikkor ED 18-70mm f/3.5-4.5G（IF）	APS-C	22-29	0.38	镜身超声波马达	无	67	73	75.5	390
AF-S DX Nikkor 18-105mm f/3.5-5.6G ED VR	APS-C	22-38	0.45	镜身超声波马达	有	67	76	89	420
AF-S DX Nikkor ED 18-135mm f/3.5-5.6G（IF）	APS-C	22-38	0.45	镜身超声波马达	无	67	73.5	86.5	385
AF-S DX VR Nikkor ED 18-200mm f/3.5-5.6G（IF）	APS-C	22-36	0.5	镜身超声波马达	有	72	77	96.5	560
AF-S DX Nikkor 18-200mm f/3.5-5.6G ED VR II	APS-C	22-36	0.5	镜身超声波马达	有	72	77	96.5	565
AF-S DX Nikkor ED 55-200mm f/4-5.6G	APS-C	22-32	0.95	镜身超声波马达	无	52	68	79	255
AF-S DX VR Nikkor ED 55-200mm f/4-5.6G（IF）	APS-C	22-32	1.1	镜身超声波马达	有	52	73	95.5	335
特别功能镜头系列									
AF Micro-Nikkor 60mm f/2.8D	135全画幅	32	0.219	机身传动类型	无	62	70	74.5	440
AF-S Micro Nikkor 60mm f/2.8G ED	135全画幅	32	0.185	机身传动类型	无	62	73	89	425
AF DC-Nikkor 105mm f/2D	135全画幅	16	0.9	机身传动类型	无	72	79	111	640
AF-S VR Micro-Nikkor ED 105mm f/2.8G （IF）	135全画幅	32	0.315	机身传动类型	有	62	83	116	790
AF Micro-Nikkor ED 200mm f/4D（IF）	135全画幅	32	0.5	机身传动类型	无	62	760	193	1190
PC-E Nikkor 24mm f/3.5D ED	135全画幅	32	0.21	全手动对焦	无	77	82.5	108	730
PC-E Micro Nikkor 45mm f/2.8D ED	135全画幅	32	0.253	全手动对焦	无	77	82.5	112	740
PC-E Micro Nikkor 85mm f/2.8D	135全画幅	32	0.39	全手动对焦	无	77	83.5	107	635
AF DC-Nikkor 135mm f/2D	135全画幅	16	1.1	机身传动类型	无	72	79	120	815

Nikon查询资料： http://www.nikon.com.cn

Nikon D-SLR系列型号介绍

在Nikon名下，现有的D-SLR型号有多达7部选择。当中主要分为两大类别，第一种是FX格式的全画幅机身，如D3s；另一种是DX格式的APS画幅机身，如D90。除了感光元件的面积不同，连带影像效果、画质和价位都有十分大的分别。

DX系列

半专业便携机杀手
D3000

性能要点

◆APS 1,010万像素CCD◆ISO 100至1600（可扩展至ISO 3200）◆11点中央十型对焦系统◆每秒3张连拍◆使用SD/SDHC卡◆净重量485g

对像用户：想初试D-SLR的入门人士

（2009年7月发表）机身的锐意售价：3399元

高清旋转屏入门机
D5000

性能要点

◆APS 1,230万像素CMOS◆ISO 200至3200（可扩展至ISO100至ISO 6400）◆11点中央十型对焦系统◆每秒3张连拍◆设有面部识别Live View AF◆2.7吋翻转式LCD◆使用SD/SDHC卡◆净重量560g

对像用户：一试D-SLR拍片入门人士

（2009年4月发表）机身的锐意售价：4199元

世界首创高清拍片D-SLR
D90

性能要点

◆APS 1,230万像素CMOS◆ISO 200至3200（可扩展至ISO100至ISO 6400）◆11点中央十型对焦系统◆最高每秒4.5张连拍◆面部识别Live View AF◆使用SD/SDHC卡◆净重量620g

对像用户：喜爱拍片及旅游人士

（2008年8月发表）机身的锐意售价：5999元

最强动态拍摄DX机身
D300s

性能要点

◆APS 1,230万像素CMOS◆ISO 200至3200（可扩展至ISO100至ISO 6400）◆51点（15点十字型）对焦系统◆最高每秒8张连拍◆双模式Live View AF◆100%光学取景器◆使用CF及SD/SDHC双卡槽◆净重量840g

对像用户：热爱最强机能的非专业摄影人士

（2009年8月发表）机身的锐意售价：9999元

*资料由锐意于2009年12月15日提供

FX系列

FX入门机身
D700

性能要点

（2008年7月发表）机身的锐意售价：15500元

◆全画幅1,210万像素CMOS◆ISO 200至6400（可扩展至ISO 100至ISO 25600）◆51点（15点十字型）对焦系统◆最高每秒8张连拍◆双模式Live View AF◆使用CF I/II卡◆净重量995g

对像用户：热爱全画幅低噪声高质人士

Nikon机身里程碑
D3

性能要点

（2007年8月发表）机身的锐意售价：28500元

◆全画幅1,210万像素CMOS◆ISO 200至6400（可扩展至ISO 100至ISO 25600）◆51点（15点十字型）对焦系统◆最高每秒11张连拍◆双模式Live View AF◆100%取景器◆使用CF双卡槽◆净重量1.24kg

对像用户：新闻及高速摄影的最强用户

挑战极限再创新高
D3x

性能要点

（2008年12月发表）机身的锐意售价：47990元

◆全画幅2,450万像素CMOS◆ISO 100至1600（可扩展至ISO 6400）◆51点（15点十字型）对焦系统◆双模式Live View AF功能◆最高每秒5张连拍◆100%取景器◆使用CF双卡槽◆净重量1.22kg

对像用户：商业及超高质摄影的最高级别人士

*资料由锐意于2009年12月15日提供

Manevolution
意大利曼富图 055CX
专业影像支撑系统的领航者
100%纯碳纤维材
中柱横置专利技术
Manfrotto
proven professiona
JEBSEN
总代理：捷成洋行 www.jebsen.com
香港：香港九龙旺角太子道西193号新世纪广场第二座18楼1801室 电话：(852)29262300 传真：(852)288257
北京：北京市建国门内大街18号恒基中心办公楼2座10层 电话：(010)85198688 传真：(010)851986
上海：上海市延安东路618号东海商业中心16楼 电话：(021)23064888 传真：(021)230649
广州：广州市中山二路18号广东电信广场23层 电话：(020)87137188 传真：(020)871371
成都：成都市顺城大街308号冠城广场17楼E座 电话：(028)86527668 传真：(028)865282